市政工程建设与质量管理研究

徐雪锋　著

延边大学出版社

图书在版编目（CIP）数据

市政工程建设与质量管理研究 / 徐雪锋著. -- 延吉：

延边大学出版社, 2022.6

ISBN 978-7-230-03397-8

Ⅰ. ①市… Ⅱ. ①徐… Ⅲ. ①市政工程－工程施工②
市政工程－工程质量－质量管理 Ⅳ. ①TU99

中国版本图书馆CIP数据核字(2022)第111597号

市政工程建设与质量管理研究

著　　者：徐雪锋
责任编辑：李　磊
封面设计：正合文化
出版发行：延边大学出版社
社　　址：吉林省延吉市公园路977号　　　邮　　编：133002
网　　址：http://www.ydcbs.com　　　　 E-mail：ydcbs@ydcbs.com
电　　话：0433-2732435　　　　　　　　传　　真：0433-2732434
印　　刷：北京宝莲鸿图科技有限公司
开　　本：787×1092　1/16
印　　张：11
字　　数：200 千字
版　　次：2022 年 6 月 第 1 版
印　　次：2022 年 6 月 第 1 次印刷
书　　号：ISBN 978-7-230-03397-8

定价：68.00元

前　言

一个城市的基础市政工程设施是否优良是城市健康发展与否的重要判断标准之一，它也能从整体上体现出城市的文化和精神，同时是广大城市市民和谐城市生活的物质基础。市政工程从广义上来说可以分为城市建设公用设施工程、城市排水设施工程、照明设施工程、道路设施工程、桥涵设施工程和防洪设施工程等。自进入 21 世纪开始，全国各地都大力进行基础设施建设，各大建筑工程的开发施工，为国民经济的稳定发展提供了强大的推动作用，为我国经济的可持续发展起到了非常关键的作用。

未来几年，中国的高速公路网、铁路网等基本形成，因此未来政府投资方向还是会转向市政建设领域，解决老百姓的生活环境问题，提高城市的管理水平。相信未来几年中国市政工程领域会发展得更好，更有活力。

本书对市政工程建设与质量管理进行了详细的分析，对目前我国市政工程建设与质量管理存在的问题进行了研究，并提出了解决措施。由于本人水平有限，时间仓促，书中不足之处在所难免，恳请各位读者、专家不吝赐教。

徐雪锋

2022 年 5 月

目 录

第一章 市政工程管线规划

第一节 管线综合规划相关概念

一、市政工程管线的概念

市政工程管线是城市信息流、能源流的输送载体。一般来说有给水管线、排水管线/管沟、电力电缆和管线、燃气管线、通信管线等。

市政工程管线综合规划工作必要的前期准备工作包括对种类多样、规格繁杂的各专业管线进行有效的识别，并对其进行分类。本节按照管线的性能和用途、输送方式、敷设方式和可弯曲程度将市政工程管线分为若干类型。

（一）按市政工程管线的性能和用途分类

（1）给水管线：一般又分为工业、生活、消防等类别。

（2）排水管线：一般根据污废水的来源分为雨水排水管线、生活污水管线、工业污水和废水管线、地下水排放管线等。

（3）电力管线：一般有输电管线、配电管线、工业用电管线、生产用电管线等。

（4）燃气管线：根据输送介质分为天然气管线、煤气管线、液化石油气管线等。

（5）热力管线：又称供热管线，包括蒸汽管线、热水管线等。

（6）通信管线：包括有线电话管线、电报管线、有线广播管线、有线电视管线等。

以上为城市建设中的常见管线，除此之外，还有一些不常见的管线，如中水管线、空气管线、液体燃料管线、灰渣管线等。这些管线的建设需求来源于政府部门、居住小区或企业生产。

（二）按市政工程管线的输送方式分类

因为市政工程管线承担输送任务的方式有所不同，根据其内部是否承受压力，管线又可分为压力管线和重力自流管线。

压力管线是指通过外部加压设备对管道内流体介质进行施压，使介质最终输送到用户端的管线。压力管线较为常见，给水管线、燃气管线、热力管线、灰渣管线等均为压力管线。

与压力管线不同，重力自流管线中的介质通过重力作用流动，按照管线设置的方向输送到用户端。雨/污水排水管线就是重力自流管线，该类管线在敷设中需要进行水力计算得出相应高程，有时候还需要在中途设置提升设备。

（三）按市政工程管线的敷设方式分类

按照市政工程管线敷设方式划分，管线可分为架空管线、地铺管线和地埋管线。

架空管线是指通过地面上设立的设施支撑在空中的工程管线，如架空电力线、架空电话线等。因为架空管线的安全性和美观性较低，所以目前在城市里的应用越来越少。

地铺管线指地面明沟或盖板明沟，如雨水沟渠、灌溉沟渠等，另外各种轨道也属于地铺管线。

地埋管线指在地面以下有一定覆土深度的工程管线，因为管线的美观性和安全性能够得以保障，所以城市新规划的市政工程管线多采用地埋管线的形式。根据覆土深度不同，地埋管线又分为深埋管线和浅埋管线两类，划分的依据主要是管线是否怕冰冻。给水、雨污水排水、煤气管线，属于深埋管线；热力管线、通信管线、电力电缆等不受冰冻的影响，属于浅埋管线。深埋管线的覆土深度大于 1.5 m。

（四）按市政工程管线的可弯曲程度分类

按照市政工程管线的可弯曲程度，可将管线分为可弯曲管线和不易弯曲管线。

管道的可弯曲性通常和管材相关。通信电缆和光缆、电力电缆属于可弯曲管线。与之相反，如果管线不易弯曲或采用强制手段容易损坏，均属于不易弯曲管线。

由以上分类可以看出，市政工程管线具有种类繁多、隐蔽性强、技术复杂等特点。本书主要研究给水管线、排水管线、电力管线、燃气管线、热力管线、通信管线这六类常见的市政工程管线。

二、管线综合规划的概念

市政工程管线综合规划，就是对搜集到或重新编制的城市规划区域范围内的各专业管线的规划设计资料进行充分分析，按照各专业管线布置的规范要求，可行性和合理性，结合道路横、纵截面的特点及客观的自然条件和技术要求，在道路的地下空间范围内对管线进行统筹布置，使之能够在空间利用上达到更合理、更经济、更科学的布局。

管线综合规划的核心内容是管线平面和竖向空间的布置工作。这是衡量综合规划工作质量的重要依据，同时也是下一步各专业管线细化设计的依据。

市政工程管线综合规划的核心工作内容，一般有以下几个方面：

（1）确定各专业市政工程管线的干管走向，分析管线分布的经济性和合理性。

（2）确定市政工程管线在地下敷设时的排列顺序和管线间的最小水平净距、最小垂直净距。确定市政工程管线在地下敷设时的最大覆土深度。

（3）确定市政工程管线在架空敷设时管线及杆线的平面位置及周围建（构）筑物、道路、相邻工程管线间的最小水平净距和最小垂直净距。

（4）编制市政工程管线综合规划成果，包括总平面图纸、节点图纸和横断面图纸等。

第二节　市政工程管线综合规划步骤

一、市政工程管线综合规划的原则

市政工程管线的综合规划对各管线施工图设计、建设和运营维护具有重大意义。管线综合规划的目的是合理开发、利用城市地下空间，协调各专业管线空间布局，避免管线之间、管线与建（构）筑物间产生干扰和影响，保障管线及建（构）筑物的安全和可靠。各专业管线在规划时，不仅要遵循各管线自身的规范要求，更要考虑管线综合规划的原则和要求。根据管线综合规划的核心内容进行划分，管线综合规划的原则可以分为平面布置原则和竖向空间布置原则。

（一）平面布置原则

在管线综合规划工作中，需要遵循一定的布置原则及要求。其中平面布置原则如下：

（1）各专业市政工程管线应当采用统一的坐标系统。市政工程管线作为城市基础配套的一部分，在进行综合规划时，采用的坐标系统需要与城市整体规划的坐标系统一致。如果存在不同的坐标系统，则需要将坐标系统换算成一致的，避免发生无法衔接的情况。

（2）充分利用现有管线。在进行管线综合规划时，首先应考虑现存的管线资源能否被继续使用。如果现存的资源不能继续使用，或按照规划现有管线影响道路的拓宽、改线等，才考虑拆除、废弃或改造。

（3）管线规划、建设应考虑当前需求和未来需求相结合。管线规划应遵循"统一规划、分期建设"的原则。随着企业生产发展和居民生活水平的提高，对市政工程管线的需求必然会增加。因此，在进行市政工程管线的规划和建设工作时，不仅要考虑近期管线的位置布局需求，还要为未来可能新增的管线留下位置，实现地下空间的最大化利用。

（4）为节省建设成本及后期的维护、维修费用，在保证日后使用安全的前提下，管线长度应尽可能缩短。但同时，应避免凌乱布置带来的建设、使用、管理、维护的不便。

（5）市政工程管线应与道路红线或中心线平行敷设。为便于施工和日后检修，市政工程管线一般沿道路红线平行敷设在非机动车道、人行道和绿化带的下面。

如果以上空间无法排布所有管线，才考虑将埋深较大和检修频次较小的管线，比如雨/污水排水管线布置在机动车道下面，但为保障管线的正常使用，应当尽量避免将管线敷设在汽车频繁碾压的地带下方。另外，为避免市政工程管线频繁穿过道路，管线的主干线应布置在分支管线多的一侧，如果管线不可避免地需要穿过道路，则需要采取一定措施保障管线的安全。

部分管线输送的介质可能会对建（构）筑物产生危害，应当尽量远离建（构）筑物，如燃气管线。埋深较大、检修周期长的管线也应当适当远离建（构）筑物。

（6）管线水平净距应满足规范要求。在进行管线综合规划的平面布置时，管线与管线之间、管线与建（构）筑物之间的水平净距应当满足相关规范要求。根据工程实际情况，如果遇到无法满足规范规定的最小净距要求的情况，如道路宽度不够、现有管线影响等，可对净距进行适当调整，但需要采取必要的保护措施，以保障管线的安全。为避免电磁干扰，电力管线与通信管线应相互远离，在实际工程中，可分别布置于道路的两侧。

（7）避开不良地质地段。各专业市政工程管线确定位置时，应尽可能避开不良地质地段，比如地震断裂带、淤泥沉积区、滑坡危险带、沉陷区、山洪峰口、地下水位较高的地段等。

（8）当各专业市政工程管线在平面布置时发生矛盾，一般按照以下原则去处理：

①压力管线避让重力管线；

②分支管线避让主干管线；

③可弯曲管线避让不易弯曲管线；

④临时管线避让永久管线；

⑤管径较小的管线避让管径较大的管线；

⑥工程量小的管线避让工程量大的管线；

⑦检修频次低、难度小的管线，避让检修频次高、难度大的管线；

⑧新建管线避让已有管线。

（二）竖向空间布置遵循的原则

管线综合规划竖向空间的布置，一般需要遵循以下原则：

（1）竖向空间布置时尽量减小管线的埋深。为减少施工中土方工程量，降低施工难度，在符合各专业工程管线的最小埋深要求及管线运营要求的情况下，应当尽量减小管线埋深。并且，如具备施工条件，则可考虑管沟一次性开挖。

（2）各专业市政工程管线应当满足相应的专业技术要求。

（3）在一些特殊情况下，应当采取相应的安全措施避免管线遭受机械损伤。

当市政工程管线敷设在地面荷载较大的路段下方时，为了防止大型运输设备车辆通过时对工程管线造成损伤，对于有可能会受到重压的局部部位，应当采取必要的加固措施。另外，为了便于市政工程管线投入使用后的维护、维修，保证检修的进度，尽量减少对地面交通的影响，在管线规划时应尽量避免从场地中心或交通要道穿过。如果必须穿过，应当设置防护管套，并且在两端设置检查井。

（4）排水管线为重力自流管线，为保证管线内介质的正常运输，排水管线各管段的坡度以及管底的标高均应经过专业计算确定。因此，在管线交叉处进行管线布置时，应当首先按照排水管线的计算标高确定排水管线的位置，然后进行其他管线的竖向布置。如果竖向位置出现冲突，其他管线应该避让。一般情况下，排水管线放置在最底层，其他管线在排水管线上方穿过。如果出现排水管线上方空间有限，无法保证所有管线穿过的情况，则有两种方式解决：一是调整排水管线标高；二是从排水管线下方穿过，但需要采取一定的安全措施。

（5）遇到各专业工程管线交叉时，从地表向下，通常按照如下顺序进行排列：通信管线、电力管线、热力管线、燃气管线、给水管线、雨污水排水管线。在实际工程中，可根据项目具体情况进行一定调整。但无论怎样排列，均必须满足各专业管线的技术要求以及管线综合规划中对于垂直净距的要求。

（6）在经济以及技术条件允许的情况下，在一些路面交通繁忙、地下空间狭小、需设置的管线种类繁多的地段，可以采用共同沟的敷设形式，将部分管线纳入共同沟中。

二、市政工程管线综合规划工作步骤

市政工程管线综合规划工作的步骤，可以归纳为：收集原始资料、汇总协调确定方案和编制管线综合规划成果文件。

（一）收集原始资料

作为一项涉及面非常广的综合性工作，市政工程管线综合规划工作需要结合城市/区域总体规划、城市定位和发展要求、地下空间规划、道路交通规划、管线专项规划，以及相关的各类政策和法规有序开展。市政工程管线综合规划工作的基础是收集各类原始资料，只有全面、准确地收集各项相关资料，才能进行相关的分析和整理，提升市政工程管线综合规划的质量，为后续深化设计提供帮助。

1.编制依据

编制依据包括规划区域及所在城市的总体规划及发展要求、交通规划、地形图、规划区域地下水位测量成果，以及国家建设规划主管部门及当地的相关部门对于各专业工程管线规划的规范要求。

2.自然地形资料

（1）项目区位资料

项目所在位置、项目区域的四至范围。

（2）气候条件

①气温：一般需要收集规划区域和所在城市年平均气温、极端气温、冬季最大冻土深度等。

②风：一般需要收集主导风向（按季节分别收集）、风速、风频、风向玫瑰图，台风/龙卷风等。

③降水：一般需要收集年平均降水量、年平均降水天数、年最大降水量、汛期天数、

湿度、蒸发量。

④日照：一般需要收集年平均日照时长、年日照百分率、四季日照情况。

（3）水文地质资料

①水文资料：一般需要收集地表水系及地下水系的种类、分布、流向、水质信息，地表水系的平均年径流量、年流量信息和水位信息，地下水的温度。

②地质及土壤资料：规划区域以及周边区域的地质构造、土壤成分、承压能力、腐蚀程度、渗透情况等。

③其他资料，如泥石流、地震、滑坡情况。

3.社会经济发展状况

（1）经济情况

生产总值、生产总值年增长率、全社会固定资产投资、全社会固定资产投资年增长率、各产业产值/所占比率、财政收入、外商投资情况。

（2）人口资料

人口构成和分布、常住人口数量及历年增长情况、户籍人口数量及历年增长情况、区域规划人口数量及成分构成。

（3）用地资料

历年城市建设用地增长情况，规划区域的四至范围、规划面积、各类用地规划布局。

（4）公共设施资料

各类市政公共设施和道路交通设施的数量、分布位置、使用状况。

4.各专业市政工程管线现状资料和规划信息

各专业市政工程管线都有其技术要求和规范，因此在收集各专业市政工程管线相关基础资料时，需要有不同的侧重点。

（1）给水工程管线基础资料

城市给水工程是城市建设中非常重要的基础设施之一，覆盖了城市的各个角落。它是由各种不同的给水建（构）筑物和众多管径不尽相同的给水管线共同组成的。管线综合规划工作中需要收集的给水管线资料包括：

①规划区域和所在城市水源资料：水源分为地表水、地下水和降水。需要收集的资

料包括可被利用的地表水和地下水的分布、水质、水量；引水工程的基本情况和现有运行状况；水厂及各类取水构筑物所在的位置、规模、取水条件等。

②规划区域和所在城市的供水体制：包括现有供水公司数量，隶属的部门或机构，公司间的相互关系，现有水厂分布、规模、制水能力、供水能力、出厂水质、与规划区域接口处的供水压力，等等。

③规划区域现状和规划的供水情况：一般需要收集规划区域现状供水设施的位置、规模，现状供水管网布局，规划供水设施的位置、规模和规划供水管网布局。

④规划区域现有的给水管网布置形式。

⑤规划区域新规划的给水管网布置形式。

（2）排水工程管线基础资料

城市污水一般有工业废水、生活污水、商业污水和表面径流四类。城市的排水系统会将这四类污水收集起来，然后经过相应的物理和化学处理，让污水达到规定的排放标准后排放到外界，或者对污水进行再利用。管线综合规划工作中需要收集的排水管线资料包括：

①规划区域和所在城市现状排水体制，年产生的总污水量和处理情况，工业废水、生活污水和商业污水的年产生量和年处理情况，历年污水年增长情况和处理情况，降水的利用情况，排水流域分区情况、分区理由。

②规划区域和所在城市的排水系统现状；雨水/污水泵站的数量、分布、位置、排水能力等；污水处理厂的分布情况，包括数量和具体位置；污水处理厂的设计、实际和潜在的处理能力；排放水的水质情况，周边可排放污水的水体的分布、纳污能力；环境保护相关的法律法规和政策。

③规划区域新规划的排水管网系统、新设污水处理厂的分布情况和处理能力。

（3）电力工程管线基础资料

管线综合规划工作中需要收集的电力工程管线基础资料包括：

①规划区域和所在城市供电系统情况，包括现有的和规划的电厂和变电站情况；所在城市供电量和需求量、电力负荷、电网短路功率。

②规划区域和所在城市的电网系统情况，一般来说包括现有的和规划的电力线路的

走向、电压、容量，供电等级划分，电网现状图和规划图，供电的可靠性；规划区域现有和规划的高压输配电网的布局，高压电力管线的走向、敷设方式、电压等级；目前城市变电所、配电所的分布、电压、容量和现有负荷等。

③电力负荷资料。电力负荷根据用户类型分为工业用电负荷、生活用电负荷和市政公用设施用电负荷。需要收集的电力负荷资料有：规划区域内各工厂企业现在的用电量、最大负荷、生产班次、用电时长等，企业历年用电情况，未来用电量及负荷增长规划；现在及规划的居民用电量、人均居住生活用电水平、平均负荷；现在及规划的道路照明用电量，电气化运输用电量，给水、排水设施用电量，其他市政设施用电量，各类负荷总量、比重及逐年增长情况。

（4）燃气工程管线基础资料

市政燃气供应系统一般由气源、输配管网和用户三部分构成。按照供气压力，我国的市政燃气工程管线分为低压、中压和高压三个等级，低压小于 0.005 Pa；中压分为 0.005～0.2 Pa 和 0.2～0.4 Pa 两段，高压分为 0.4～0.8 Pa 和 0.8～1.6 Pa 两段。管线综合规划工作中需要收集的燃气资料如下：

①规划区域和所在城市气源情况，包括总能源构成与供应、消耗水平；现在和规划的燃气种类、品质、总量，如燃气由外地供应，除需要获得种类和品质信息，还应了解燃气价格；燃气气源供气规模、调峰情况；现有燃气输配设施的能力，道路、供电、给排水等条件；用气统计、不均匀系数。

②规划区域的燃气供应系统规划情况，一般来说有燃气设施规划图、燃气管线规划图、用户种类、数量和分布。

（5）热力工程管线基础资料

市政热力系统一般是由热源、热力网和用户三部分构成。我国的城市集中供热的用户可分为居民热用户和工业热用户。管线综合规划工作中需要收集的热力资料如下：

①规划区域和所在城市供热现状资料，一般需要收集所在城市和规划区域的集中供热设施与管线现状图；现在的供热方式、各方式供热量所占比重、热能利用状况；所在城市现有热电厂（站）的位置、数量、规模、规划区域工业和民用供热设施的位置、数量及供热能力。

②规划区域供热规划资料，包括集中供热的规划普及率，集中供热的范围、对象；规划供热方式所需燃料（如煤炭）的产地、质量、用量；地热、太阳能等其他能源利用情况。

（6）通信工程管线基础资料

信号的发送设备、传输设备和接收设备共同构成了城市通信系统。通信工程管线是用于信号传输的管线的总称，近些年对于城市的美观要求和通信系统的安全性与可靠性的要求越来越高，因此市政通信工程管线多数采用地埋方式进行敷设。管线综合规划工作中需要收集的通信资料如下：

①规划区域和所在城市通信系统现状，一般需要收集城市内电信企业的种类、数量，现状通信线路布局、现状设备的种类及分布状况，现有的邮电局所的位置和规模。

②规划区域通信规划资料，如通信管线总体规划图，规划的电话网络布局，规划的邮电局所、无线基站等通信设备的分布，等等。

需要注意的是，由于目前通信专业公司较多，通信管线分属不同的产权单位所有，如电信公司、移动公司、联通公司等，因此在线路信息调查中，需要标注出线路所属单位。

（7）其他管线

其他管线指根据项目特点，涉的其他类型的市政工程管线，如航油管。需要收集的资料包括管线位置、管线长度、管线埋深、管线材质等。

（二）汇总协调确定方案

市政工程管线综合规划第二阶段的工作是汇总收集到的原始资料，确定管线平面和竖向布置初步方案，并检查各专业管线规划之间是否存在冲突，对存在冲突的地方进行调整或提出其他措施，最终确定管线综合规划方案。此阶段相当于各专业市政工程管线的初步设计，是后期施工图设计的依据。在管线综合规划时，方案不仅要考虑满足功能需要、在技术上可行，同时需要考虑方案的经济性，力求造价最低。

本阶段的工作又分为两个步骤：

1.确定管线综合规划初步方案

在管线综合规划工作之前，市政工程各部门分别进行管线的专项规划，管线综合规划设计工作者首先需要将筛分、摘录和汇总的有用信息以及管线相互间的关系，精确、全面地在底图上反映出来，确定管线综合规划初步方案。

市政工程管线一般沿路网进行敷设，在满足使用需求、考虑现场实际情况的基础上，尽可能使各专业管线分布均匀、合理，避免因某条道路下管线过于集中，使得管线的埋深过大或数量过多，为详细设计、施工和日后维修管理增加难度。各专业管线应该满足其自身的工艺要求和规划要求。在某路段内，各专业市政工程管线还需要满足综合规划规范对于最小覆土深度、最小水平和垂直净距的要求。

2.综合协调，确定最终方案

第一步工作已经确定了管线综合规划初步方案，即各专业管线在平面和竖向空间的相互位置关系，管线与建（构）筑物以及规划区域周边接口的关系已经得到了合理的设置。在此基础上进行第二步综合协调，即可确定最终方案。依据管线综合规划原则，检查管线综合规划初步方案里各专业管线在空间布局上是否存在冲突。如有冲突，提出协调方案，调整管线的平面和竖向布置，或施加相应的工程措施使得管线布置结果符合规范要求。如果仅调整管线布局无法达到设计要求，则需要对道路横断面进行变更，比如调整道路各车道、绿化带、人行道等的位置和宽度，有时候甚至需要调整道路宽度。

在检查管线竖向空间布局的矛盾和冲突时，需要尤为注意各控制点，如道路交叉口、道路最低点等处的管线标高是否满足规范要求。在道路交叉口位置，至少会有两路管线汇合，地下空间尤为紧张，管线很容易发生冲突，因此工作人员需要就各交叉口进行详细的规划，每条管线的高程都应当表示出来，指导后期施工。

就调整方案组织图纸会审工作，根据会审结果完善方案。当管线综合规划工作达到既定目标时，确定最终方案。

需要明确的是，满足规划目标的管线综合规划最终方案并不是唯一的，工作人员可以使用优化设计方法进行管线综合规划方案的设计和选择。优化设计方法是指以数学中的最优化理论为基础，以计算机为手段，根据规划设计所追求的性能目标，建立目标函数，在满足给定的各种约束条件的前提下，寻求最优方案。优化设计的步骤一般为：问题分析、建立数学模型、选择适当的优化方法、编写计算机程序、计算机筛选最优设计方案。

（三）编制管线综合规划成果文件

最后一个阶段的工作是编制管线综合规划成果文件。市政工程管线综合规划成果分为图纸和设计说明两部分，其中图纸包括总平面图、道路横断面图和各重要节点图，这三类图纸分别表现了管线综合规划的平面布置结果、竖向空间布置结果及易产生矛盾和冲突的重要节点处管线高程。具体成果要求如下：

1.市政工程管线综合规划总平面图

一般情况下，市政工程管线综合规划总平面图中应该将以下几项内容清晰表示出来：

（1）自然地形、地貌、地物和地势等高线。

（2）规划区域周边区域的道路情况、环境情况、建（构）筑物和各专业市政工程管线，并注明城市规划部门划定的红线范围。

（3）规划区域内现有道路、建（构）筑物、现有管线及相关设施，其中哪些需要拆除、哪些直接废弃、哪些可以再利用，均需明确表示出来。

（4）规划区域内新规划的各类建筑用地的分布情况、道路网络规划、建（构）筑物等。

（5）管线综合规划工作确定的管线平面布局及相关附属设施的位置。

（6）横断面的所在地段及其编号等。

需要特别注意的是，总平面图中的坐标系统，应与所在城市的坐标系统保持一致。图中出现的不同种类的市政工程管线，需要用不同符号或线型来表示，以示区隔。重力自流管线，如排水管线，应当注明主要控制点的坐标，一些重要的主干线的尺寸也应当标注出来。

2.市政工程管线综合横断面图

一般情况下，市政工程管线综合横断面图需要包含以下内容：

（1）道路横断面情况，包括机动车道、非机动车道、人行道、绿化带、分隔带的位置、宽度。

（2）不同种类的市政工程管线以及同一类别的管线中直接废弃的、需要拆除的、可利用的现有管线，新规划管线和预留管线，被剖到的断面及其在道路横断面上所处的位置。不同管线应用不同的图例并加注名称以示区隔。

（3）横断面图名，即横断面编号。在绘制市政工程管线综合平面图时，为避免图面过于复杂，一般只考虑地埋管线，架空线路通常不绘入平面图中。而在横断面图中，则需确定其与建（构）筑物的距离，控制其平面布局。

3.市政工程管线综合规划设计说明

一般情况下，管线综合规划的设计说明应当包含以下几方面内容，在具体工程应用中，可根据工程特点有所删减。

（1）规划背景、项目建设的意义和必要性。

（2）规划设计依据：相关法律法规和行业规范，所在城市或区域规划文件，上级主管部门的批复文件，规划设计任务书、合约、协议等文件。

（3）管线综合规划工作所依据的原则、规划范围和规划内容。

（4）所在城市和规划区域的概况信息：区位、气候条件、水文地质条件、河道水系、社会经济发展情况等。

（5）需要进行综合规划的市政工程管线的详细资料，包括现有管线的位置、长度、管径、管材、坡度、敷设深度、敷设方式、产权单位等信息，新规划管线的名称、位置、管材、管径、坡度、敷设深度、敷设方式等。

（6）现有及新规划的相关市政设施的名称、位置、规模等。

（7）工作过程中遇到的问题及解决方法，对尚未解决的遗留问题的说明。

（8）结论。

三、市政工程管线综合规划优化途径

在现代城市发展的早期阶段，受制于当时经济条件和技术发展水平，城市基础设施相对简单，城市地上、地下空间资源相对充足，足以满足市政工程管线的布置需求。各专业市政工程管线的规划、建设、运营维护工作也归属于不同的城市管理部门。然而，在千万人口级别的超级城市不断增加的今天，对市政配套设施的要求也越来越高，管线的种类和数量急剧增加。在这样的背景下，对各专业市政工程管线进行统一协调规划的管线综合规划工作，能够取得更好的效果。但是，常规的管线综合规划工作中仍存在一定不足和问题，可利用现代管理手段和技术进行优化。

常规的市政工程管线综合规划工作存在的不足和问题主要体现在以下两方面：

第一，采用传统手段无法完整、准确收集相关资料。管线综合规划往往因为收集的现有管线历史资料不完整或存在错误而出现较高的失真率。在施工过程中，现场无法按照图纸施工，需要对图纸进行变更，导致工期延长、投资浪费等。这样的结果是由多方面因素造成的。首先，因历史原因，不同类别管线由不同的专业单位进行规划、设计、建设、管理，资料也由这些单位和部门保管，这就造成管线资料分散，收集工作很难完整。其次，也存在留存的现有管线历史资料丢失或残缺的情况。如果要获得详尽、真实的资料，就需要重新对现有管线进行测绘，需要大量的人力、财力的支持。再次，由于管线在施工中发生变更或城市路网拓宽改造，但管线信息未随实际情况更新或新建管线未及时纳入资料数据库等原因，现有信息也存在准确度较差、档案资料与实际情况不相符合、档案资料不能正确反映实际工程情况的问题。

第二，常规的管线综合规划理论往往局限在市政工程管线规划领域，综合规划方法更多地依赖于行业规范的要求、定性分析和设计工作者的个人经验，缺乏对城市整体规划的考虑。设计成果中最重要的各专业工程管线之间的相对位置的确定，往往需要与城市整体规划紧密结合。如果将市政工程管线项目孤立起来，使得市政工程管线的整体布局和城市整体规划割裂开来，就很难充分考虑整个城市空间资源的最大化利用和管线未来的空间资源需求，缺乏对市政工程管线项目如何达到最经济的效果的考量。

基于对常规管线综合规划工作中存在的不足和问题的归纳分析，并借鉴国内外已经取得的技术成果，利用高速发展的电子计算机技术和日趋成熟的数学规划理论和方法，本书提出两条优化途径：一是建立信息共享平台；二是进行市政工程管线综合规划优化设计。

（一）建立信息共享平台

1.建立信息共享平台的必要性

由于市政工程管线的用途和属性不同，自城市发展初期以来，其就由不同的专业单位进行规划、设计和施工，后期运营管理也由不同的部门来负责。建设成的管线错综复杂，盘旋在城市下方空间里。从信息管理角度来看，市政工程管线涉及多个单位的多头管理，其结果就是造成市政工程管线的档案管理分散、混乱，城建档案管理部门、城市规划部门、不同的管线建设单位都可能成为管线资料的保管单位，更有甚者资料在个别的技术人员手中保存。目前市政工程管线档案管理中存在的问题主要有以下几个方面：

（1）因市政工程管线往往有较长的建设周期，档案管理部门几经更迭，档案丢失或损毁严重，造成市政工程管线现状资料缺失。

（2）年代久远的管线，如老城区的给/排水管线，当时是在无图纸的情况下施工的，根本无图纸资料留存。

（3）在管线竣工后进行归档时，也存在只有施工图、没有竣工图，信息准确度差的情况。

（4）在不断的建设和改造中，原有管线信息未做到及时更新，使档案信息中的信息与实际不符，造成数据失真。

（5）现有管线信息一旦缺失，再收集的难度相当大，要获得详尽、真实的资料，就需要重新对现有管线进行测绘，需要大量的人力、财力的支持。

（6）很多管线档案保管部门并不配备专业的档案管理人员，导致信息管理混乱。

（7）现存档案大多是纸质版资料，信息管理和更新不方便，并且管线往往分属不同单位所有，出于自身利益考虑，信息共享困难。

由于市政工程管线档案资料管理存在种种问题，管线的管理部门之间很难做到有效的信息共享、交流和沟通。在管线建设阶段，各产权单位往往根据自身需求进行独自开挖，路面上到处都是"拉链口子"，路面破坏严重，并造成了投资浪费。在管线运营管理阶段，由于资料缺失，在维修管线和新建管线的施工过程中，其他管线可能会受到破坏，造成断电、断水、通信中断、煤气泄漏等事故，给城市居民的正常生活造成不便，甚至会危害到公共安全。

2.信息共享平台简介

为了解决市政工程管线在信息管理中存在的种种问题，本节提出了解决方案——建立信息共享平台，即根据密布地下的"看不见""摸不着"的各类管网制作出一张清晰明了的可以实现远程监控、实时监测的"电子地图"。

信息共享平台的支持系统是地理信息系统（Geographic Information System, GIS），它是一种空间信息系统，是在计算机硬、软件系统的支持下，对地理分布数据进行采集、储存、管理、运算、分析、显示和描述的技术系统。GIS 起源于 20 世纪 60 年代，经过多年发展，被广泛应用于土地利用、资源管理、环境监测、交通运输、城市规划、经济建设等多个领域。

作为地理学、地图学和测量学的传统学科与遥感技术、计算机科学等现代科学技术相结合形成的一门现代化综合技术，GIS 不仅能利用计算机技术实现对地理信息的可视化的表达和查询，而且具有较强的空间分析能力和模拟能力。

在信息时代，以 GIS 为核心的集成技术系统是由遥感技术（RS）、全球定位系统（GPS）、互联网和 GIS 等现代信息技术之间的相互渗透而形成的。"数字城市"（Digital City）的概念，就是在此基础上提出的。"数字城市"指以 GIS 为平台，整合、利用各类空间信息资源，实现城市规划编制、规划实施管理、规划监督检查各个运作层面全过程的网络化、数字化和智能化，实现对城市空间资源的有效配置与合理安排，是未来城市发展和管理的方向。

本节提出的市政工程管线信息共享平台，便是在"数字城市"的基础上建立起来的，主要为市政工程管线的规划、建设和管理服务。信息共享平台可以是一个独立的系统，与"数字城市"的 GIS 系统实现数据交互，也可以是城市 GIS 系统的一个子系统。

市政工程管线信息共享平台，就是通过 GIS 技术对市政工程管线信息进行管理，建立起管线信息资源库，进而建立通用性强、功能齐全的信息共享平台系统。同时，由于市政工程管线的信息是动态的，每天都在发生变化，为保证信息的准确性、及时性，共享平台需要建立实时更新机制，对于新建设以及发生变更的管线，均要及时地进行信息采集，并且要保证信息准确无误。采集信息包括平面坐标信息、高程信息、时间信息等。

（1）系统框架

市政工程管线信息共享平台的主要模块包括：数据处理模块、图库管理模块、网络服务模块和用户应用模块。

（2）系统功能

①数据处理模块。数据处理模块包含数据采集、编辑和输出功能，具体功能体现在：数据获取和通信，即外部信息可以转换成系统内的空间数据和属性数据；数据输出，自动生成管线成果表及图纸、管线信息调查表等成果数据。

②图库管理模块。该模块是对空间数据库和属性数据库进行动态管理的模块。具体功能体现在：数据查询，即空间数据库和属性数据库可以进行交互查询；数据转换，即数据库可将数据转换成不同的格式，并根据不同的用户需求提供相关数据，确保系统的开放性；图层管理，即对数据库中的数据分层进行管理，根据用户需求提供不同图层上的数据。

③网络服务模块。该模块主要为远程用户服务，除了数据查询、图层管理、数据输出等基本功能外，还提供数据浏览功能。

④用户应用模块。通过该模块，用户可轻松实现图层管理、数据查询和数据输出等功能，还可以进行统计分析、事故处理、空间分析、辅助规划、辅助设计、断面分析、坡度及水力计算、管线自动标注等。

（3）数据库

数据库用于信息共享平台数据的存储和管理，也是平台建设和运行的基础。信息共享平台的数据类型一般分为空间数据和属性数据，系统针对这两类数据分别建立数据库，即空间数据库和属性数据库。空间数据库存放和管理空间实体的地理编码，包括基础地形及地名数据、现有及规划的道路数据、现有及规划的管线数据。属性数据库存放和管理与实体对应的属性信息，例如市政工程管线的名称、管径、管材等信息。需要特别注意的是，在数据库建立初期，一般情况下，需要对现状进行历史资料查询，并对照资料进行实地勘察，保证录入的空间数据和属性数据完整、准确。改造管道和新建设管道的信息也要及时更新至数据库。数据库结构、分层、编码应符合国家相关的标准和技术规程。

（4）硬件设备支持

信息共享平台的硬件环境由计算机和一些外围设备共同构成，可分为输入设备、处理和管理设备、输出设备。空间数据及属性数据的采集和输入设备主要有数字化仪、扫描仪、全站仪、数字测量设备等。数据处理和管理设备是用于 GIS 系统运行的计算机，它是信息共享平台硬件环境的核心。随着计算机及互联网技术的发展，拥有强大的计算能力和较高的便捷性的云计算，使得未来的信息处理不再依赖于单一的计算机或实体设备，从而使信息共享平台应用起来更加便捷，应用领域更加广泛。数据输出设备主要有各种绘图仪、打印机、高分辨率的显示装置等。

3.信息共享平台的应用

市政工程管线信息共享平台具有很广泛的应用，可服务的用户主要有：

（1）城市规划建设主管单位

信息共享平台可以为政府主管部门提供管网的投资决策支持，如进行空间统计、网络分析、用地适宜性评价、三维分析等辅助规划分析工作。同时，信息共享平台可以与城市规划信息系统对接，进行相关数据的整合。除此之外，信息共享平台也可为管线投资、设计、建设审批流程提供查询、统计、分析等功能。

（2）各市政工程专业单位

各市政工程专业单位可以通过信息共享平台更加科学和合理地规划设计和管理管线，这些单位可以通过授权获得相关的城市基础信息，并通过平台进行专业的计算和分析，比如排水管线的水力计算、管道模拟计算等。同时专业单位需要将更新的管线信息准确无误地输入至平台内，保证平台信息的及时性。

（3）市政工程管线信息管理单位

这些单位是管线信息共享平台最重要的使用对象，他们主要负责对现状管线的信息进行普查、实地测量，对新建管线和改造管线进行竣工验收等工作，是平台的建立者和日常维护者。信息共享平台数据录入渠道多样，与城市 GIS 平台、规划系统无缝对接，升级简便，能够很好地为管线信息管理单位服务。

（4）档案管理单位

信息共享平台实现了市政工程管线的数字化管理，信息共享平台与城市档案管理系统建立信息互换通道，能够实现现状数据的备份和历史数据的调用。

（二）进行市政工程管线综合规划优化设计

1.优化设计概述

（1）优化设计思路

为获得最佳的规划方案，并且优化规划工作过程，在优化技术的发展和对国内外专家对布局问题的研究的基础上，针对管线布置优化问题，本书从影响管线布置的限制因素着手，分析归纳管道布置涉及的约束目标与约束条件，选取一个或多个约束目标，将问题用合适的数学规划模型表达出来，并通过计算机软件求得规划模型的最优解。

（2）优化设计目标

对市政工程管线总和规划的优化设计目标如下：一是通过利用先进的优化理论和方法，提升管线综合规划成果的科学性、合理性和经济性；二是改变传统管线规划工作中过分依赖设计工作者个人经验的现状，提高规划工作效率，降低劳动强度。

2.优化设计基本步骤

（1）约束条件分析

求解布局问题的第一阶段就是确定布局问题的限制性因素，即约束条件，并表达出来。对约束条件的表达不仅包括指明约束条件是什么，还包括如何使用约束条件。只有约束条件被清晰、准确地表达出来，才能被高效利用，有效地解决布局问题。布局问题的约束条件，一般有目标约束、模式约束、形状约束、尺寸约束、位置约束、特性约束、派生约束、导向约束。这些约束条件按照是否必须得到满足又可分为强约束条件和弱约束条件。强约束条件就是指在布局时必须遵循的约束条件，例如规定了布局空间大小的几何约束，即待布局物体只能被放在该空间范围内，如果超越约束条件，则布局失败。弱约束条件指在一定程度上被满足即可的约束条件，比如优化设计中的目标函数，其实也是一种约束条件，但是是软约束条件，它仅反映了设计追求实现的程度，但不能反映设计有效或无效。

针对管线综合规划问题，约束条件可被归纳为以下几类：

①目标约束：就是规划设计工作想要达到的理想状态，比如管线的功能目标，即将给定数量、类别的管线放入给定的路面地下空间里，权衡其实现的成本和效益，调整位置，得到最优状态。在管线综合规划中，不仅要考虑近期需求，也需要为日后新增管线

预留充足空间。目标约束是弱约束条件，限定程度越低，布局问题越容易解决。

②模式约束：指各专业市政工程管线的敷设顺序对布局空间产生的限制和影响。管线在平面和竖向空间上的敷设顺序一般都需遵循规范要求，特殊情况下可进行一定调整。模式约束是强约束条件。

③几何约束：形状约束和尺寸约束统称几何约束。在管线布置问题中，几何约束体现在以下几个方面：一是布局空间的几何约束，即管线的布局空间限定在沿路及路两侧绿化带或人行道下部空间，且在竖向空间上必须满足最小覆土深度；二是管线的几何约束，即管线的几何形状和尺寸形成的约束限制，其占用空间量会对布局产生影响。几何约束是强约束条件。

④管线位置约束：各专业管线之间相对位置关系，以及管线相对可敷设空间的位置关系的限制。管线位置约束主要表现为管线与管线之间的垂直相间、平行相邻和斜相交，以及管线与建（构）筑物之间的最小距离限制。管线位置约束是强约束条件，必须满足。

⑤特性约束：特性约束是对布局容器及布局物体的特定属性的描述。例如为避免电磁干扰，电力管线和通信管线应尽量布置得较远，如道路的两侧。

（2）目标函数构建

求解布局问题的第二阶段，就是找到优化目标与约束条件之间的关系，用数学模型表达出来。

在管线综合规划问题中，由于影响优化目标的约束条件较多，重要程度不一，且约束条件存在不同量纲的问题，如果考虑所有的约束条件，则构建的目标函数会非常复杂，实用性也大打折扣。因此，为了简化处理，突出核心问题，往往会选取重要的强约束条件，而会忽略一些弱约束条件。在构造目标函数时，往往结合实际优化需要，将综合目标拆解成单一目标，然后利用对应的求解方法求出最优解。

为了让管线综合规划的成果在工程技术上可行、经济上合理，优化设计主要考虑以下两个方面。

①平面布置中最短路径问题

待布局的任意两点间都可能存在着多条路径，管线综合规划优化设计需要找到满足相关约束条件的最短路径，即布置在该路径上的管线长度最小。此问题需要考虑的问题如下：一是管线位置约束，即各管线的水平净距要满足规范要求；二是定义一个权值系数。

②竖向空间布置中最小剖面积问题

在管线竖向空间规划中，主要需要实现以下两方面的要求：一是在满足最小覆土高度的基础上，市政工程管线的埋深越小越好，这样做不仅可以减少土方工程量，降低造价和施工难度，还能降低后期维护、维修难度和成本；二是在管线之间满足最小水平净距的前提下，尽量敷设在非机动车道的下部空间，且最远两条管线的距离尽可能地靠近。由最小埋深和最小距离共同组成的最小剖面积问题，即是竖向布置问题目标函数建立的依据。

竖向布置的约束条件有两类：一是管线所占空间的不干涉约束；二是几何约束和管线位置约束，即管线间最小水平净距和垂直净距都要满足规范要求，管线敷设的剖面积不能超过最大面积约定的范围。

（3）模型求解

数学模型建好后，需要选用适宜的方法进行求解，Matlab 被广泛应用于最优化问题的求解。Matlab 是美国 MathWorks 公司出品的商业数学软件，是由 matrix 和 laboratory 两个单词组合而成的，意思是矩阵工厂，也叫矩阵实验室，可以用来进行算法开发、数据分析、数值计算、数据可视化等。Matlab 中有三十多个工具包，其中的优化工具包可以对线性规划、非线性规划、多目标规划等问题进行求解，为实际工程问题提供了便利的解决方案。

第二章 市政工程给排水工程

第一节 市政工程给排水规划设计

在城市化进程不断加快的背景下，人们对市政工程有较大需求，但许多城市在市政工程给排水规划方面存在较大问题，使城市存在严重的内涝问题。内涝是制约城市发展的一个重要因素，所以城市市政工程规划单位一定要提高给排水规划的设计水平，解决内涝问题，提高水资源利用率。

一、市政工程给排水规划的意义

市政工程给排水规划设计同城市中每个人的具体生活息息相关，给排水规划直接关系到水资源利用、城市道路排水、城市生活污水排放、工业用水排放等问题。相关单位要根据具体单位的情况规划设计不同的给排水管道，只有这样才能让城市的给排水工程更为完善。

二、市政工程给排水规划的设计原则

市政工程给排水规划需遵循如下设计原则。

（一）科学利用水资源

我国水资源短缺，因此市政工程给排水规划要遵循科学利用水资源的原则。第一，提高原有水资源利用率。对原有水资源调整利用，成本低，见效也较快。第二，大力开

发水资源。当前我国水资源现状同城市快速发展需求不相适应，因此市政工程给排水规划需对水资源进行大力开发，对径流进行合理调节，实现蓄丰补枯，只有这样才能让水资源尽可能得到合理利用。第三，加强水资源管理保护。市政工程给排水规划在设计时需要加强对水资源的保护，避免可用水资源被浪费。

（二）近远期结合设计给水系统

城市中每天供水量变化大，高峰期供水量大幅增加，所以给水系统设计需坚持近远期结合的原则，为未来规模化发展预留一定空间，如预留出给水管位，预留出足够管径余量等，这样可避免未来的重复投资。

（三）合理设计污水系统

在设计城市污水系统时，雨水排涝需采取截流制，下水道需采取合流制，污水厂尾水需遵循水资源循环利用原则，只有这样才能实现合理分流，才能让污水得到再利用，才能让城市水生态系统不断修复。

三、加强市政工程给排水规划设计的措施

按照上述设计原则，市政工程给排水规划设计应参照下列措施进行。

（一）给水系统设计

给排水系统规划设计需考虑水系统面临的两个现实问题（水资源短缺及水系统运行稳定性），确保设计的给水系统能够让城市的水资源得到更加高效的利用。具体设计中应注意如下问题：

（1）充分利用计算机信息技术对给水系统进行分析，尤其是对供水渠道做好三维空间模拟分析，这样供水渠道的运行才更加可视化，才能确保水资源的有效利用，避免浪费。

（2）注重收集自然降水，让收集到的雨水、雪水得到再利用，确保城市供水充足。

（3）如果给水系统自身对水资源的损耗较多，则需及时进行调整，以免造成水资源的浪费。

（二）雨水系统设计

当前城市道路工程内涝问题比较严重，因此给排水规划设计需正视这个问题，合理设计雨水系统，避免内涝的发生。具体设计时应注意下列问题：

（1）结合给排水工程需要服务的具体区域情况，根据区域内气候、地理位置等具体因素，对雨水系统进行科学设计。

（2）雨水系统规划设计中排水管道质量必须可靠，只有管道质量可靠才能确保不会出现拥堵、渗漏等问题，才能让城市排水系统发挥良好的排洪、排涝效果。

（3）雨水系统规划设计还要考虑到整个城市的具体运行情况，做好对排水系统细节问题的处理，这样才能使城市具有较强的排水能力。

（三）污水系统设计

水资源稀缺已经成为一个世界性的问题，要解决这个问题，我们在做到合理利用水资源的同时，也要做好对污水的优化处理，优化给排水系统服务的功能，增强污水处理效果，让污水得到循环利用。具体做法如下：结合所处城市的具体建设情况，将分流制、合流制两种设计原则结合使用，实现对各类污水的有效处理；用科学发展理念合理规划各类污水去向，让污水得到回收再利用。比如说，当前新规划城区多采取分流制设计，雨水管线和污水管线完全分离，这样不仅减小了污水厂的污水处理压力，也能更好地对雨水进行收集再利用。这样，城市生态环境的质量能够大大提高，城市水质也得到了明显改善。

尽管市政给排水系统常年深埋地下，但是它对城市发展的巨大作用却是不容忽视的。一个城市要快速发展必须重视水资源问题，并基于保护水资源的角度对给排水系统进行科学规划设计，只有做好给排水系统的设计工作，有效利用水资源，让水资源循环再利用，才能让城市生态环境更加美好，实现城市的快速发展。

第二节 市政给排水施工技术

城市市政工程建设水平直接影响城市正常运转。在我国部分城市中，市政给排水工程建设质量不良。在夏季暴雨时节，由于部分城市市政排水系统设计落后，排水能力有限，路面出现大面积的积水，给城市居民日常出行带来了严重的影响。并且在实际施工过程中，由于没有把握施工技术要点，施工区域地下管线受到损坏，周边建筑物出现不均匀沉降。这一现状也在表明我国城市市政给排水工程施工建设中存在着许多需要解决的问题，城市市政给排水施工技术应用效果不佳。因此，研究城市市政给排水施工技术要点和难点有利于提升我国城市市政给排水工程施工整体水平。

一、市政工程给排水施工前期技术要点

（一）市政道路施工要点分析

城市市政给排水工程属于地下工程，施工环境较为复杂，受到外界温度环境、城市交通等多方面因素的影响。市政道路施工建设需要对市政道路进行开挖，而市政道路路面开挖工作是一项非常复杂的工作。如果在开挖的过程中施工质量不佳，将会导致公共交通受限、道路下部管线受到损坏，给施工活动带来一定的危险。所以，市政道路路面开挖施工活动需要严格地按照施工方案开展，以减少对市政路面的影响。市政道路路面开挖完成之后需要进行路面回填。路面回填工作需要依据工程实际情况而定，除了要保证回填质量之外，还要确保回填土的压实系数，以提升回填后路面的稳定性。因此，在市政道路施工之前，应提前对施工区域周边环境进行勘察，全面且细致地了解施工环境特点，然后再进行施工方案的制订。

（二）道路两侧建筑物防护要点分析

城市市政给排水工程施工建设不仅会对市政道路路面产生影响，还会对施工区域周

边的建筑物产生一定的影响。原因在于在路面开挖的过程中机械设备的震动会引发周边建筑物地基土的振动，一些既有建筑物由于建设年限较长，地基土的承载力出现了一定的变化，容易导致整个建筑发生不均匀沉降。所以在进行市政道路路面开挖之前，应提前对道路两侧的建筑物进行防护，对建筑物的地基情况进行勘察。如果发现施工活动容易对建筑物的稳定性产生不利影响，应更改施工方案来避开建筑物。另外，如果施工过程中遇到软土地基，应采用地基加固技术对这一地段的地基进行有效的加固。

（三）施工材料质量控制要点分析

城市市政给排水工程整体质量受施工材料质量影响较大。提升施工材料的质量可以提升市政给排水工程的施工质量，可以切实保障人民群众的生命安全。为此，需要在施工之前对施工材料的质量进行严格的审查。在采购工程施工材料之前，应对建材市场进行全面的调查，然后选择供货能力强、市场信誉度好、具备相关资质的材料供应商，并且还要要求该单位出具材料出厂合格证明。材料进场之前，应进行随机抽样质检，质检不合格的材料不能使用。在材料保存与管理方面，应委派专业人员进行材料的管理，可以在工作制度中明确目标责任制度，将材料保管工作责任落实到个人，由此来提升工作人员的工作积极性，并确保材料在使用之前不会出现质量降低的情况。

二、市政工程给排水管道安装技术要点

（一）管道沟槽开挖及支护要点分析

在城市市政给排水管道安装之前，需要进行管道沟槽的开挖及支护工作。在管道沟槽开挖的过程中，施工队伍一般采用人机结合的方式，先用机械设备开挖土体，在距离标定开挖标高 50 cm 处采用人工开挖的方式。在管道沟槽开挖的过程中，应时刻注意沟槽周边土体是否出现塌方。为此，技术人员需要先对开挖土质进行检测，确定土壤的力学性质，然后选择合理的支护方式进行基坑支护。如果沟槽开挖较深，为了保障施工人员生命安全，需要进行打密支撑来提升支护的稳定性。另外还要注意，在沟槽开挖的过程中，应防止对地下管线产生破坏。

（二）管道下管技术要点分析

施工管理人员在市政管道下管工作开展之前应做好对沟槽积水、杂物的清理工作。清理管道完毕之后，需要采用从上而下的方式进行排管，确保每一个管道的连接更加自然顺畅，确保水流在管道内部的流通。管理人员还要对管道之间的衔接处理质量进行把控，防止管道连接处出现漏水问题。在敷设管道的过程中，应注意严格按照施工图纸的具体要求进行施工作业，把握施工要点。在完成市政给排水管道下管工作之后，立即进行覆土填充，回填土不得含有生活垃圾、腐蚀性物质等。在对管道覆土进行压实时，应注意严格按照施工标准进行。如果覆土深度小于 50 cm，则使用人工压实的方式，超过50 cm 应依据覆土深度选择合适的压实机械。

（三）管道基础施工与管道防腐要点分析

管道基础施工质量与管道防腐质量对市政给排水工程整体施工质量有着极为重大的影响，两者是决定市政给排水工程施工建设活动是否安全的决定因素。在进行管道基础施工的过程中，将混凝土摊铺到基础部位可以提升管道基础施工的安全性，防止地下水侵蚀施工环境。在对管道进行防腐处理时，首先应选择具备一定抗腐蚀性能的管材，如球墨铸铁管或焊接钢管等。在进行防腐处理时，可以在焊接钢管的内壁焊接结束并冷却之后涂抹水泥砂浆，在管道的外壁涂抹玻璃纤维等防腐蚀材料。

（四）竣工验收阶段施工技术要点分析

在城市市政给排水工程竣工验收阶段，最重要的就是进行闭水检查工作。闭水检查工作的主要目的是检测给排水管道焊接处是否漏水、管道内部是否存在堵塞情况、管道中间是否需要加强或加固等。给排水管闭水检查工作应使用由上而下的方式，在对管道上游部分检查完毕之后再将水倒入管道下游进行闭水检查。这样不仅可以节约水资源，还可以降低检查工作强度。闭水检查应采取分区段检查的方式，将管道分为几个检查区域，对每一个检查区域内的井段同时注水，注水时间控制在 30 min 以上，检测人员查看所管区域是否存在漏水或堵塞问题。如果发现任何问题，应立即解决，尽快消除安全隐患。

随着城市的不断发展，城市生活用水和排水工作强度逐渐增大，市政给排水工程施工质量将直接影响城市正常运转，直接影响人民群众的生活质量。在进行城市市政给排水工程施工过程中，施工单位应重视给排水工程施工质量的把控，在施工现场全面分析施工活动对城市交通及周边建筑物的影响，然后积极探讨施工技术要点。

第三节　市政给排水工程施工管理

一、市政给排水工程施工管理的必要性

在整个市政工程建设中，给排水工程建设是非常重要的一部分，给排水工程不仅影响着城市日常生产及居民的日常生活，还直接关系到城市经济发展。一个高质量的给排水系统，能够为城市的经济发展提供很大的帮助，且会使城市居民的生活水平得到进一步提高。在进行市政给排水工程建设的时候，施工质量是非常重要的，其直接影响着市政给排水系统的运转情况。为了确保市政给排水系统在实际运转的时候能够保持良好的运行状态，必须加强对市政给排水工程施工的管理。

二、当前市政给排水工程施工管理中的缺陷

（一）给排水工程现场管理不足

在进行给排水工程施工的时候，一些施工企业没有对施工现场进行实时的监督与管理，而出现这一问题的主要原因就在于，很多施工企业没有形成一个完善的监督管理体系，在实际施工的时候，很容易出现施工环节混乱的现象，这就给工程施工带来了极大

的质量隐患。此外，很多施工企业在进行给排水工程现场施工管理的时候，还存在着调度不足的情况，而出现调度不足的主要原因就是施工企业的规模太小、建设资金比较缺乏、给排水施工技术比较落后、施工现场管理系统不够完善，这就大大增加了市政给排水工程施工管理的难度，很容易出现施工质量问题。

（二）管理意识薄弱

相较于其他工程项目来说，市政给排水工程的复杂性比较高，建设所需的资金比较多，且建设资金一般都是由地方政府或者国家调拨的。因此，很多施工企业为了取得更高的经济效益，就没有做好工程施工管理，管理意识非常薄弱。管理意识薄弱主要体现在：在实际施工过程中采用质量不达标的施工材料，并且为了节省施工材料，擅自对先前的管道方案进行变更，以偷工减料的方式谋取利益；施工企业自身规模比较小，面对大型的给排水工程有着明显的能力不足问题，因此很可能出现违规分包以及转包问题，使给排水工程施工质量得不到有效的保障。以上问题的出现，必然会直接影响市政给排水工程的施工质量，且会大大增加施工管理难度。

（三）给排水工程施工单位技术不过关

如今，随着我国建筑行业发展速度的不断加快，城市给排水工程的发展速度也在逐渐提升，工程建设模式也从传统的多分包单位转变成了当下的总包单位，那些还处于起步阶段的企业一般都没有较高的施工技术水平，因此在进行分包控制的时候，很容易出现施工质量问题。

三、加强市政给排水工程施工管理的措施

（一）重视安全管理工作

所有的工程在施工建设阶段都离不开安全保障体系的支持。因此，在进行市政给排水工程施工的时候，施工企业必须加强对施工安全管理的重视，应当对全体施工人

员进行定期的安全培训与教育，并对他们进行考核，使他们的施工安全意识得到有效提高。此外，还应当根据工程实际情况，制定完善的安全管理制度，制度中应要求施工人员定期检查设备仪器，对危化品进行隔离存储，远离办公和生活区域，对危险性较大的施工作业进行专项施工组织设计，并请专家对施工方案进行评估，同时做好应急预案。对存在的一些安全问题进行分析，并及时予以改正，防止因施工人员操作失误而导致安全事故的发生。始终坚持安全第一的基本原则，确保市政工程给排水工程施工质量及施工效率。

（二）施工质量管理

在实际施工的时候，应当采取"一停二检"的施工质量管理方式，"一停"指的就是施工到每一个质量点的时候，都应当停止施工。"二检"指的就是由施工企业质量检验部门以及承包单位质量检验部门对施工质量进行检验，检验合格之后，才能进入下一施工环节。

承包单位应当对施工质量保证体系的运行情况进行实时的监督，确保施工质量保证体系能够充分发挥自身作用。

在实际施工之前，应当对施工过程中的重点、难点进行标注，并采取相应的保护措施，防止出现施工质量问题。

（三）提高相应的排水工程管理技术

在进行技术人员选择的时候，必须选择专业化水平较高、综合能力较高的专业技术人员，且要求其具备丰富的实践经验，确保其能够满足市政给排水工程的施工需求。因为给排水工程的施工难度比较大，专业技术的种类比较多，所以在对给排水工程进行施工管理的时候，必须重视施工技术的管理。应当要求相关技术人员不断学习新技术、新方法，并引进最先进的机械设备，加大工程资金投入力度，防止工程技术方面出现问题。

（四）做好施工现场管理工作

在整个市政给排水工程施工管理中，现场施工管理是至关重要的一部分，只有做好现场施工管理，才能使现场施工过程变得更加有序，以防止施工混乱现象的发生，为工程施工质量及施工效率提供有效的保障。在进行现场施工管理的时候，管理人员必须对工程施工现场有一个充分的了解，根据工程现场的实际情况作出合理的管理部署。在实际管理过程中，如果发现施工质量问题，应当及时制订切实有效的解决方案，确保问题能够得到及时的解决，为工程施工质量提供有效的保障。

当下，随着我国经济发展速度的不断提高，城市化建设也在逐步推进，而给排水工程在城市中的重要性也越来越突出，人们给给排水工程提出了更高的要求。施工单位在对市政给排水工程进行施工的时候，必须加强施工现场管理，确保工程的施工质量，使市政给排水工程整体质量得到有效保障，进一步促进城市经济的健康稳定发展。

第三章　市政道路施工

第一节　市政道路路基工程施工技术

一、市政道路路基工程施工的特点

（一）对路基施工的要求较高

在市政道路建设的过程当中，路基的质量是整个道路的重中之重，它决定了整条道路的质量。因此，在施工的过程中，对路基施工的要求往往比较高。如果在实际的施工当中，对路基的施工不够重视，就很容易导致许多道路方面的问题，从而影响整条道路的建设和质量，还会延误工期，对企业的声誉造成不良的影响。

（二）对施工的技术统筹规划

市政道路的施工一般会涉及许多方面的工作，而且会涉及多方面的利益，所以在进行道路施工的时候要进行统筹规划，一定要避免外界因素影响整条道路的建设，同时还要对影响道路工程建设的因素进行规划。在施工之前，需要对路基的施工方案进行统一的规划，以此来提高整个工程的质量。在进行路基施工的过程中，需要根据实际情况对路基的施工方案进行适时调整，这样就可以与不断变化的外界因素相协调，从而提高市政道路工程的施工质量。

（三）对施工人员的技术要求较高

路基工程施工对施工人员的技术要求和专业素质要求比较高，如果在施工的过程中施工人员的技术不达标，就会降低路基工程的质量。

二、市政道路路基工程施工的要点

（一）路基的施工测量

施工测量是施工之前的准备工作，主要是指对周围的地形建筑物进行标注和测量。施工测量是一个比较复杂的过程，但是可以保证工程更加有序地进行，同时还能使施工更加精确，所以其在施工建设过程中具有十分重要的作用。在进行建筑施工测量的过程中，首先要对施工现场进行勘测，然后根据数据对现场进行图纸定位，还要对现场的高程进行测定，同时还要进行标注，这样就可以为建筑工程施工提供准确的依据。在进行勘测的时候，一定要严格要求勘测人员，使他们能够意识到勘测准确的重要性，而且还要使他们熟练勘测的业务，来增加他们的作业能力。如果在施工之前勘测不合格，就会对路基工程施工造成很大的影响，严重的还会延误工期。如果工程测量的数据不够准确，会严重影响工程的质量，还会增大资金的投入，给企业带来很大的影响，所以一定要重视施工之前的勘测工作。

（二）路基的防护施工

一般路基的填方高度需要小于 4 m，而且坡面需要植草皮进行保护；如果填方高度在 4～8 m，坡面需要采用三维网状植皮进行保护。尤其是在过鱼塘段，坡面一般采用特殊的方式进行保护。

（三）路基的填筑施工

在进行路基施工的过程中，一定要注意路基填筑工作，一定要保证路基的均匀度，然后要结合当地的实际情况进行施工，以保证填筑的有效性。在进行设计的时候，一定要保证填筑的宽度大于设计宽度，再结合实际的经验，使用压路机对路面进行碾压，同时还要保证碾压的均匀度。

（四）路基的压实施工

在道路进行压实时，所要采取的原则是：先中间后两边、先轻后重、先慢后快，这样可以保证路面的平整性，还能保证路面的强度，进而保证路面施工的有效性。在对工程进行平整处理的时候，首先要使路面两侧和中间具有一定的夹角，夹角一般在 3°左右，然后再对路面压实，这样就可以增加路面的压实度。在路基施工中，对于一些比较特殊的部位，需要严格按照操作步骤进行碾压，保证规范的压实度，同时达到设计要求的标准。

三、加强市政道路路基施工质量控制的关键技术

（一）提高道路地表处理技术

提高道路地表处理技术有助于加强市政道路路基的施工质量控制。应逐渐加强对路基基底的处理，保证基底的平整性，增加道路路基的宽度，增强道路路基的承载力。为了提高道路地表处理技术，应对路基进行原地面复测，清除道路地面的杂物，拆除空闲砌体，对不良土基进行填筑前碾压。在处理不良路基的过程中，应制订合理的施工方案，依据土质状况，对处理方法进行科学的选择，并增强路基施工关键部分质量的检测工作。例如，在进行人行道的地表处理工作时，应运用淤泥换填技术进行处理，在填方高度大于 40 m 的短路处理过程中，应将表层的杂填土全部清除，路床下填方高度大于 40 m 路段清除土层后，应用 6%石灰改良土填筑至路床顶面。

（二）保证路基的填充材料质量控制

加强市政道路路基的施工质量控制，应保证路基的填充材料的质量控制。道路路基通常需要暴露于户外环境中，并不断经受恶劣气候环境影响，且要遭受汽车碾压。所以，应不断提升路基填充材料的质量，有效延长市政道路路基的使用寿命，提高路基的强度，增加道路的承载力。在选择路基的填充材料时，应注意路基填料的类型与样式，考虑道路路基沉降程度、填料来源、施工团队的技术能力、地理环境以及施工条件等因素，并

选择经济、合理、适用的填料。例如，选用渗水性较强的路基填料，其多适用于沙砾丰富的路基。在施工过程中，应对现场的路基进行强度测试和稳定性测试，保证路基具备良好的安全性。利用施工弃渣作为路基填料，能够节约成本，实现环保节能的目标。

（三）引进填筑压实的关键技术

在建设市政道路路基的过程中，为提高施工质量，应引进填筑压实的关键技术。填筑压实技术属于路基建设的主体施工技术，对城市道路的整体建设具有重要影响。应严格控制施工的步骤，对路基填筑压实的影响因素进行有效控制。

（四）提升绿化带边缘防护水平

为了对路基建设施工质量进行有效控制，应提升绿化带边缘防护水平，增加道路路基的稳定性，确保道路路基的施工质量达到规定标准。城市道路路基的绿化带边缘容易出现凹陷现象，在选择防护方案时，需对防护材料进行充分考虑。目前，国内城市道路路基绿化带防护的主要方式为植物防护，其属于最佳的生态环保路基绿化带边缘防护方式，此种方法不仅价格低廉，而且还能对环境进行美化。在提升绿化带边缘防护水平的过程中，应选择根系较为发达且耐旱的植物，在种植初期，对其覆盖保护层，防止幼苗遭受风雨的危害，3—5 月为最佳施工时间。

四、市政道路路基施工的质量控制

（一）严格控制路基施工材料的质量

在进行路基施工时，路基施工材料的质量将会严重影响路基施工的质量，所以一定要严格控制路基施工材料的质量，这对于市政道路路基施工来说具有十分重要的意义，只有提高路基施工材料的质量，才能为后续的施工打下基础。在对路基施工材料进行控制时，一定要对路基材料进行严格筛选，至于那些没有达到规范要求的填料，一定要及时进行清除，防止其影响路基的质量，确保路基施工有序进行。

（二）市政道路路基排水的质量控制

在路基施工的过程中，路基排水是十分重要的，水是影响路基稳定性的主要因素之一，所以一定要注重路基排水的工作。路基排水工程建设需要与城市内其他排水工程建设统筹进行，这样既可以使路基工程顺利排水，还可以减小投入的成本。在路基排水工程建设的过程中，要做好以下几点：如果在路基施工段出现了大面积的积水，需要采用开挖排水沟的方式进行排水，也可以设置排水沟和急流槽来进行排水；对于非渗水的区域，需要采用透水性比较好的材料进行排水，这样就不会导致大面积的积水，从而保证施工的质量。

（三）市政道路路基边坡的质量控制

在对市政道路路基进行建设时，一定要充分考虑路基的边坡情况，将路基的边坡稳定性作为整个道路工程建设的重中之重，要针对当地的实际情况，对路基边坡进行详细的处理。对于地质条件比较复杂的地区，需要对边坡进行特定的设计，可以使用锚杆框架对边坡进行加固，来增加边坡的稳定性。对于填石路基边坡施工来说，边坡所使用的石料会直接影响边坡的稳定度，强度小的石料会在荷载作用下或者外界环境条件的影响下发生风化的现象，从而影响边坡稳定性，造成边坡局部失稳。对于路堑边坡来说，需要采用植草皮的方式进行边坡保护，对于那些稳定性较差的高陡边坡来说，首先需要用锚杆进行加固，然后在表面种植草皮进行保护。

第二节　市政道路路面施工技术

一、市政道路沥青路面施工技术

（一）市政道路沥青路面施工技术的要点

沥青路面施工是指将矿石等材料与路面专用沥青混合,再将混合物通过平整设备铺筑成路面结构的施工工艺。目前的路面施工处理主要分为单层、双层和三层表面处理技术。市政道路沥青路面施工主要包含以下几个要点:

（1）沥青路面要具有较高的平整性。选用抗压强度高的沥青原料,使用平整效果好的压筑设备,保障路面不会出现裂缝、下陷等问题。

（2）沥青路面要易于养护。对压实的沥青路面做严格的表面处理,保障路面的层次架构科学,能够有效应对路面的车辆压力。

（3）沥青路面要具有良好的防尘效果。选用多样化的矿石原料,增强沥青路面的强度,提高路面的光洁程度,降低灰尘和水对路面的影响,保障路面通行车辆的视野不受路面灰尘的影响。

（二）市政道路沥青路面施工中存在的问题

当前的市政道路沥青路面施工相对于过去来说,在施工流程上、施工质量上都有明显的进步,但是受到人员、技术、管理等多方面的限制,当前的市政道路沥青路面施工中也存在着许多问题:

（1）一些施工团队没有充分认识到施工准备的重要性,在施工前,只是简单地领取物料和设备,没有对原料的质量、人员的组成、设备的运行状况等进行严格的审查,导致实际铺设效果与工程预期效果差距较大。

（2）一些市政道路沥青路面施工方使用不合格的原料,尤其是石料、土工布、沥青等关键的原材料,导致路面的硬度与刚度都无法达到技术要求,造成后期的返工与维修频繁。

（3）目前很多市政道路沥青路面施工方的施工流程仍然比较混乱。一些具体的施工人员从事路面铺设的时间比较短，没有很好地掌握施工技术。施工现场缺乏专门的技术人员进行监督与指导。

（4）一些市政道路沥青路面施工方在道路施工作业结束之后没有及时对道路铺设的质量进行检验，或检验、检测的项目过于简单，没有从本质上发现路面存在的隐患，给后期的维修造成了负面影响。

（5）很多市政道路沥青路面施工方长期使用传统的道路施工工艺，没有及时引进最新研究成果，对新材料、新设备、新技术知之甚少。路面施工的设计，也没有根据目前的道路交通发展情况进行调整。

（三）优化市政道路沥青路面施工技术的对策

1.进行充分的施工前准备

市政道路沥青路面施工的准备工作，主要分为以下两个方面：一方面，施工人员在施工前要进行充分的机械参数调整。①调整沥青洒布机的机械参数，保障洒布的密度与工程计划的要求一致；②调整矿料洒布机的机械参数，保障矿料的洒布厚度与沥青的密度相匹配；③调整压路机、土工布摊铺机等其他关键设备的机械参数，保障其机械性能良好，并与施工方案相适应。另一方面，施工人员在正式施工前，要进行充分的原路面处理。

2.严格把控施工原料

原料的质量直接影响了市政道路沥青路面施工的质量。首先，要进行充分的室内试验测试，按照原料的数量、质量、配比、施工方式，设计具体的施工方案，并进行细致的原料调配。其次，要在室内试验的结果上，进行充分的试验路面铺设，以检查室内试验方案的效果。对于有问题的方案，要及时进行调整，尤其要注意检测矿石、碎石等原材料的实际抗压性能。最后，要根据两次实验的方案确定最终的原料使用与配比方案，以提高沥青路面施工的科学性与合理性。

3.优化施工流程管理

市政道路沥青路面施工的流程管理优化，主要从以下几个技术层面入手：

（1）优化沥青路面的磨耗层处理

磨耗层是沥青路面的保护层，磨耗层的铺筑，有助于沥青路面在日常使用中始终保持结构的稳定性。磨耗层的施工技术优化要注意以下几个要点：优化基层材料的选择，选择高强度的水泥，调整水泥的水灰比，优化石灰、碎石等材料的抗压性能；保障路面的基层材料在磨耗层的保护下能够长时间保持稳定，优化沥青路面的表面处理技术，在不同的路面基层或旧的路面上喷洒一层薄薄的沥青，提高路面的抗磨耗性能。

（2）加强沥青路面的封闭层修筑

封闭层的修筑主要是为了增强路面的防水性能。雨水、冰雪融水等，对市政路面的伤害进程缓慢，但时间持久。长时间的水分渗入会导致路面的结构破坏，不同层次的路面结构发生渗透等现象，会影响沥青路面的整体强度，导致路面的抗压性降低。要想优化封闭层的施工，一方面要用空气隔绝技术对铺筑路面的沥青材料进行表面处理，减少路面与水、空气接触的面积；另一方面要封闭路面上的间隙，减少路面向外的水分蒸发，减少沥青材质与空气之间的水分交换，延长路面的使用寿命。

（3）提高沥青路面的防滑施工技术

市政道路沥青路面的防滑施工，是影响车辆通行安全性的最主要因素。一些路段由于长期磨损造成路面防滑性下降，导致车辆非常容易打滑、侧翻、追尾，严重影响了市民的生命财产安全和城市道路的通畅。优化防滑施工技术的措施如下：第一，对于市政道路沥青路面被磨损的部分，要及时进行水泥混凝土表面处理，利用智能检测设备，对路面的摩擦系数进行检测；第二，根据检测所得的路面损坏结果，利用单层沥青表面处理方法，对摩擦系数严重下降的路面进行二次喷涂，并在施工后及时进行试通行检测。

（4）细化道路施工检测

道路施工检测主要包含以下几方面的内容：第一，检测路面施工的环境温度，保障施工当天的平均温度超过 15 ℃，避免在超低温天气施工。注意检测施工后保养阶段的气温，保障沥青路面可以有效升温。第二，检测沥青路面施工过程中原料的流动性、施工设备的洒布温度，保障沥青的黏结性始终在有效范围之内。第三，根据"旧路处理——洒布第一层沥青——铺土工布——碾压——洒布第二层沥青——洒布碎石——再碾压"的流程，对施工过程进行监控，及时纠正施工人员的错误行为。

（5）加强对路面耐久性的数据分析

路面施工之后，各项物理参数与化学参数，是路面施工质量的直接体现。因而，技术人员要在施工结束后，检测沥青路面施工之后路面的平整度、构造深度、摩擦系数和渗水系数。详细分析沥青结合料的性质，分析石料的用量与沥青的用量是否达到最优配比。

综上所述，市政道路沥青路面施工技术的优化，要从流程控制、原料控制、检验检测等几个方面入手。从本书的分析可知，研究市政道路沥青路面施工技术，能够提高城市建设部门对交通道路施工中问题的重视程度，提高市政道路沥青路面施工的有效性，降低路面维修的成本，促进城市的可持续发展。因而，市政道路施工人员要加强理论知识的学习，在实践中探索优化施工技术的方案。

二、市政道路水泥混凝土路面施工技术

在我国城市化进程中，机动车数量与日俱增，为市政道路建设带来了巨大的压力，只有对市政道路进行科学合理的规划，才能保证最终的建设质量，实现预期的效益目标。而水泥混凝土路面在市政道路建设中应用较多，其不仅稳定性强，且使用年限较长，施工便利。我们应该严格控制市政道路水泥混凝土路面施工质量，从整体上提升市政道路建设质量。

（一）水泥混凝土路面的优缺点分析

1.水泥混凝土路面的优点

第一，与其他路面相比，水泥混凝土路面抗压强度更高，能够满足市政道路建设各项要求。第二，水泥混凝土路面稳定性和耐用性较强，美观耐用，并与沥青等路面不一样，在长时间使用中不会发生老化，甚至还可以逐步提升强度，这是其他路面不具备的优点。第三，水泥混凝土路面能够保证行车安全，对夜间行车非常有利，这是因为水泥混凝土路面光泽性较强，可以为夜间行车的司机提供安全保障。

2.水泥混凝土路面的缺点

第一，在市政道路建设中应用水泥混凝土路面，水泥或混凝土原材料使用量较大，因而需要投入更多的资金，否则建设工作将受到阻碍。第二，水泥混凝土路面将产生接缝，对施工造成巨大的影响，增加施工与养护的难度。第三，一旦水泥混凝土路面发生损坏现象，就很难进行有效的修复，因为水泥混凝土路面坚硬度较高，开挖难度较大，极大增加了修复工作难度。

（二）市政道路水泥混凝土路面施工技术要点

1.路面摊铺

在水泥混凝土路面摊铺之前，应该认真开展检查工作，主要检查内容有基层平整度、模板间隔、钢筋位置等。混凝土混合料配比结束后，通过运输车把混合料运输至摊铺区域，并在基层中置入所有混凝土，若是摊铺期间水泥混凝土路面出现缺陷，应及时采取人工方法查找缺陷；若混凝土出现离析现象，则应使用工具对混凝土进行翻拌，此时应该注意避免选择耙耧或抛掷的方法，防止混凝土离析引起的施工质量降低。水泥混凝土路面摊铺通常一次性完成，摊铺的时候应该将松铺厚度预留好，便于之后振捣工序顺利开展，促进市政道路建设质量的提升。

2.振捣技术

在市政道路水泥混凝土路面摊铺结束后，应用平板振捣器等振捣混凝土，一般在振捣板面与钢筋处设置插入式振捣器，在平面路面上使用平面振捣器，作用深度通常在 23 cm 左右。振捣期间要使用插入式振捣器完成一次振捣操作。要想防止漏振，插点的间距应该维持均匀，而进行振捣时若要移动振捣器，应该采用旋转交错的方法，每个位置振捣时间至少为 20 s。在进行平面振捣的时候，主要使用平面振捣器对相同位置进行振捣，此时混凝土水灰比若在 0.44 以下，则振捣时间必须超过 30 s，如果水灰比在 0.44 以上，则振捣时间应该控制在 16 s 以上。之后要时刻注意混凝土情况，若混凝土发生泛浆，没有气泡冒出，则应使用振捣梁使混凝土能够被拖拉振实。为了赶出混凝土内所有的气泡，应该往返拖拉振动梁至少 4 次。在市政道路水泥混凝土路面施工期间，若出现不平地点，要采取人工方法作出填补。若是水泥混凝土路面平整度与相关标准不符，需要及时处理。

3.路面接缝技术

接缝环节对水泥混凝土路面施工质量影响很大,是一个重要而关键的环节,若是施工期间忽视了这个环节,那么将对市政道路建设产生十分不利的影响。在进行接缝处理的时候,应该将纵向裂缝处理好,处理时应严格执行相关标准与规范。对于纵向施工缝的拉杆设计来说,要在立模后、混凝土浇筑前穿过模板拉杆孔进行设置。对于纵缝槽施工来说,要以混凝土压强超过 7 MPa 为基础,并开展锯缝机弯沉锯切工作,形成缝槽。当然,要根据施工现场试锯夹角决定最终的混凝土压强。横缝的处理应该在混凝土完全硬化后进行。若是条件不允许,应该在新浇筑混凝土内进行压缝处理。而在进行夏季施工的时候,应该第一时间处理锯缝,一般来说每隔 2～4 块板需要压一条缝或锯一条缝,这样能够防止混凝土在浇筑期间出现未锯先裂的状况,最大限度减少对混凝土带来的不利因素。不仅如此,在对接缝进行处理的时候,要保证路面中线和膨胀裂缝垂直,且缝隙应该保持竖直,不能存在连浆,要将帐篷板设置在缝隙之下,而缝隙上面需要灌封缝料。在对膨胀板进行处理的时候,应该及时做出预制,并以缝隙干燥、整洁为基础,使用海绵橡胶泡沫板或软木板来预制膨胀缝,让膨胀缝与缝壁密切结合起来。

4.路面修整与防滑

在浇筑完水泥混凝土路面以后,在混凝土终凝之前应采取机械方式将路面表面铲平或抹平,如果有机械处理不到位,需要采取人工方式来找补。在市政道路水泥混凝土路面施工期间,若以人工方式抹光,不仅工作量较大,还会使混凝土表面混入水泥、水和细砂等材料,使混凝土表面强度下降。对此,要利用机械进行抹光,在机械上设置圆盘,这样能够实现粗光,若是需要精光,需要安装细抹叶片。要想提升路面车辆行驶的安全性,市政道路水泥混凝土表面抗滑能力要强,因此应严格执行以下抗滑标准:新铺水泥混凝土路面行驶车辆速度为 45 km/h 时,摩擦系数要超过 0.45,若车速为 50 km/h,则摩擦系数要超过 0.4。施工期间要通过棕刷进行横向磨平处理,并轻轻刷毛,或者是采用金属丝梳子形成 1～2 mm 的横槽。现阶段一般使用锯槽机来割锯路面,且割锯的小横槽间距是 20 mm、宽是 2～3 mm、深是 5～6 mm。

5.养护与填缝

混凝土板浇筑结束后应该第一时间做好养护工作,这样能使水泥混凝土拌合料的水化稳定性与水解强度得到提升,并避免产生裂缝。一般来说养护时间在 2～3 周,混凝土在养护与封缝之前应该封道,不能通行车辆,设计强度为要求的 40%后要允许行人通行。养护措施如下:在混凝土表面强度符合相关标准以后,使用手指轻压路面,若不出现压痕,需要在混凝土的表面、边侧等处覆盖草垫或湿麻袋,这种措施能够避免混凝土受到天气变化的影响。在养护的过程中,还应结合天气情况不定时洒水,让草垫或麻袋始终处于湿润的状态。

(三)市政道路水泥混凝土路面病害预防措施

若市政道路水泥混凝土路面发生病害,将严重影响市政道路最终使用功能,对人们的出行与社会经济的发展带来不利影响。因此,我们需要坚持"预防为主"的理念,在规划与施工期间充分考虑各个环节的内容,降低出现病害的概率。我们要科学合理地确定路基尤其是底层的参数,主要包括回弹模量、含水率、液限和现场承载力等,让施工值和规划值保持一致,同时让规划值与现场客观实际保持一致。这就要求我们认真开展参数现场实践测定等工作,加大路基施工处理力度。施工单位要做好自检工作,不仅要确保路基符合设计的压实度,还要均匀压实。如果为半填半挖路基,应该重视对挖、填等结合处的碾压。只有做好以上工作,才能避免水泥混凝土路面出现病害,并从整体上提升市政道路建设水平。

总之,市政道路水泥混凝土路面施工技术比较复杂,内容较多,难度较高,为提升施工质量与效率,需要把握好各个环节的质量控制措施,减少问题与安全隐患。因此我们要结合实际工作经验,掌握市政道路水泥混凝土路面施工要点,不断对各个方面的内容进行规范,这样才能达到预期要求,提升市政道路建设质量,为我国的经济发展作出应有的贡献。

第三节　市政道路工程质量控制

一、市政道路工程在勘察设计时期的质量控制

（一）勘察设计时期质量控制概述

对于市政道路工程建设而言，设计方案对工程质量具有决定性作用。因此，勘察设计至关重要，我们必须严格控制勘察设计质量，在相关技术标准、设计规范的指导下，准确勘察地质条件，确保勘察的数据、资料等准确、详细，为市政道路工程建设提供依据。

市政道路工程勘察的目的是基于勘察阶段的需求，对工程地质条件进行准确把握，评价岩土工程等，从而为方案设计与工程施工提供保障。通常工程勘察包括可行性勘察、初步勘察以及详细勘察。可行性勘察指的是基于对已经存在的资料的搜集与整理，现场勘察地质条件，根据工程需求进行地质测绘，评价选择的施工场地，从技术与经济两方面对方案进行对比。初步方案指的是以可行性勘察为前提，评价地质岩土的稳定性，明确工程整体平面布置和地基基础方案，论证不良地质的防治，使得初步设计的需要得到满足。详细勘察指的是计算岩土工程，确定加固地基基础、防治不良地质现象的方案。

当前，初步设计与施工图设计是设计时期的不同阶段。在初步设计之前，设计人员需要对和工程有关的研究报告、可行性报告、批准的项目建议书等资料进行搜集。在初步设计阶段，设计人员需要明确项目规模，确定设计方案；对施工组织方案、劳动定员、施工指导、经济指标进行明确，同时进行经济评价。在施工图设计阶段，设计人员以初步设计为基础，对施工工艺、布置等详细内容进行明确，对详细的施工图进行绘制。施工图要求准确、完整，同时有项目文件、各个专业的工程计算书、结构设计文件等进行补充说明。此外，对于技术上复杂而又缺乏设计经验的项目，在初步设计和施工图设计之间还需要增加技术设计阶段。技术设计的任务是对初步设计中尚未解决的一些技术问题或技术方案进行进一步的研究。

（二）勘察设计时期质量控制的关键点

勘察设计工作具有非常强的专业性与技术性。因此，勘察设计时期质量控制需要基于有关原理进行。本书认为市政道路工程在勘察设计时期质量控制的关键点如下。

1.勘察阶段质量控制关键点

（1）勘察单位的选定

选择具有相应资质等级的工程勘察单位，同时检查勘察单位的技术管理制度和质量管理程序，考察勘察单位专职技术骨干的素质、业绩及服务意识。

（2）勘察工作方案的审查与控制

在实施勘察工作之前，项目负责人需结合各勘察阶段的工作内容，按照有关规范、设计意图，在如实反映现场的地形和地质情况，满足任务书和合同工期的要求的情况下主持编写勘察工作方案。在对勘察工作方案进行审查时，审查人员需根据不同的勘察阶段及工作性质提出不同的审查要点。

（3）勘查现场作业的质量控制

对现场工作人员进行专业培训；用正确、合理的方式取得原始资料及仪器设备，并采取相应的管理措施；项目负责人始终在作业现场进行指导、检查，对各项作业资料进行检查验收，并签字。

（4）勘察文件的质量控制

工程勘察资料、图表、报告等文件要依据工程类别按有关规定执行各级审核，勘察结果要齐全可靠，满足国家有关法规、技术标准和合同规定的要求，勘察成果必须按照质量管理有关程序进行检查和验收。

2.设计阶段质量控制关键点

（1）初步设计阶段质量控制关键点

初步设计中应包含建设规模，分期建设及远景规划，专业化协作和装备水平，建设地点，占地面积，征地数量，总平面布置，内外交通，外部协作条件，主要材料用量，主要设备选型、数量、配置，新技术、新工艺、新设备的采用情况。

（2）施工图设计阶段质量控制关键点

施工图设计阶段应明确以下内容：主要建筑物、构筑物，公用、辅助设施，抗震和人防措施；环境保护和"三废"治理措施；各项技术经济指标；建设顺序、建设期限；总概算；附件，包括设计依据的文件批文、各项协议批文、主要设备表、主要材料明细表，劳动定员表等。

对设计过程进行跟踪监督，必要时需要检查设计标准、主要技术参数、地基处理和基础形式的选择、结构选型及抗震设防体系、环境保护要求等。审核设计单位交付的施工图及概预算文件，并提出评审验收报告。根据国家有关法规将施工图报送当地政府建设行政主管部门指定审查机构进行审查，并根据审查意见对施工图进行修正。编写工作报告，整理归档。

二、市政道路工程施工时期的质量控制

（一）施工时期质量控制概述

工程设计图向工程实体的转化是通过工程施工实现的，工程项目的使用价值与工程项目质量受工程施工的影响。施工阶段是工程项目质量控制中的重要阶段。在施工过程中使用新工艺、新材料等时，需要利用试验进行验证，同时要获得具有权威性的技术部门出具的鉴定书。在完成市政道路施工的任何一道工序后，施工单位要首先进行自检，在检查合格后填写质量报验表，在进行下道工序的施工前要确认质量报验表，否则不能进行后续施工，从而有效控制质量。

施工时期质量控制贯穿施工的全过程。施工时期质量控制包括事前控制、事中控制、事后控制等不同阶段。事前控制指针对影响工程施工的各个要素，在进行施工准备时期进行控制。事中控制指控制施工过程中的作业质量以及投入的各种要素的质量。事后控制指控制完成的工程的质量，对存在的问题进行整改。

市政道路工程施工时期质量控制包括控制投入物的质量、控制施工质量、控制产出过程质量等。因为施工过程是一个生产物质的过程，所以控制施工质量要求控制影响工程质量的各种因素。市政道路工程施工质量影响因素包括人员（man）、材料（material）、机械（machine）、方法（method）、环境（environment），也就是4M1E因素。

（二）施工时期质量控制的主要内容

1.技术准备阶段的质量控制

（1）图纸会审

图纸会审的内容包括：图纸的合法性、图纸及说明书的完整性、是否表明各种管线及构筑物、是否符合水文地质条件、是否符合规范、材料的来源是否有保证、施工工序方案是否合理。

（2）设计交底

设计交底应考虑自然条件、主管部门或其他部门对本工程的要求，如设计规范和市场供应材料的情况。

（3）施工组织设计审查

施工组织制定及审查后由项目监理单位报送给建设单位，承包商按照指定的施工组织设计文件组织施工。对于规模大、技术复杂的特殊工程，还需报送给相关技术人员。对于工期跨度长或分期出图的工程，可分阶段编制施工组织设计，从而提高编制质量。

控制施工现场各种质量影响因素就是施工现场准备，包括审查道路施工建设单位的资质、审查监理单位、审查检测单位、检查专业监理工程师资格、检查总监理工程师资格、检查监理工程师的专业和工程的吻合性、控制现场施工材料配件质量、控制机械质量、控制施工平面位置、控制标高基准等。

2.施工现场准备的质量控制

（1）测量

承包商需对建设单位给定的原始基准点、基准线和标高等测量控制点进行核实，并检查施工现场总体布置是否合理。

（2）人员

审查相关人员资质与拟建工程的类型、规模、地点、行业特性及要求的勘察、设计任务是否相符，资质证书是否已过期，其资质年检结论是否合格。对参与该工程的项目经理及主要技术人员的执业资格进行检查，重点检查其注册证书是否有效，级别是否与该工程相符。

（3）材料

掌握材料的质量标准，通过一系列检测手段（书面检查、外观检查、理化检查和无损检查等）将所取得的材料数据与材料的质量标准相比较，借以判断材料的可靠性。

（4）机械

机械设备应结合工程的特点，按照技术上先进、经济上合理、生产上适用、性能上可靠、使用上安全、操作及维修方便的原则进行选择，选择的机械设备的主要性能参数应满足质量要求。

3.施工过程中质量控制

（1）路基

路基施工质量控制要点如下：

填方：分层填筑，压实前测定含水量；对不同的土质要分别标定干密度；分段施工，注意纵向搭接两段交界处；路堤底部填以水稳性优良、不易风化的材料以防地下水影响。

路堤几何尺寸和坡度：路堤填土宽度每侧应比设计宽度大 30 cm，压实宽度不得小于设计宽度，压实合格后，最后削坡不得缺坡，以保证路堤稳定性。

压实度：在碾压前，先整平，由路中线向路堤两边整成 2%～4% 的横坡。压实应先边后中，以便形成路拱；先轻后重，以适应逐渐增大的土基强度；先慢后快，以免松土被机械推动。在弯道部分碾压时，应由低的一侧边缘向高的一侧边缘碾压，以便形成单向超高横坡。前后两次轨迹需重叠 12～20 cm，应特别注意压实均匀，以免引起不均匀沉陷。

（2）路面

路面垫层质量控制、面层质量控制、基层质量控制是路面质量控制的主要内容。

在路面垫层施工时，通过自卸车把粗碎石向下承面卸置，为了确保宽度满足要求，通过推土机摊铺粗碎石，之后利用人工与机械配合的方法整平粗碎石。为了确保粗碎石的稳定性，通常利用 6～8 吨两轮压路机进行碾压，碾压速度为 25～30 m/min，碾压 3～4 遍。之后在粗碎石上通过人工方式均匀填洒填隙料，通过超过 12 吨的振动压路机进行碾压，使得填隙料将粗碎石孔隙充分填充。并且为了确保表面平整，要均匀洒水。垫层完成后要保护成品，禁止车辆通行。

在路面基层施工时，要重视集中拌和材料。材料运输通过自卸车进行，并且运输时应遮盖材料。摊铺要求人工和摊铺机配合，若路面作业宽度狭窄，则摊铺机要和推土机、挖掘机配合使用。基于水平基准线与松铺厚度对摊铺机进行调整，自卸车将物料送到摊铺机上，人工在匀速前进的摊铺机后面，及时清除摊铺机聚集的粗集料，补充均匀混合料。压路机全面碾压整形后的路面应当进行保护与养护。

水泥混凝土面层与沥青面层是常见路面面层，市政道路中常用沥青面层。在沥青面层施工时，要对沥青材料、填料、粗集料、细集料等进行选择，对沥青用量、配合比等给予重视。沥青面层施工过程中的主要施工方法包括路拌沥青碎石面层施工、热拌沥青混合料路面施工、洒铺法沥青路面施工等。

三、市政道路工程验收时期质量控制

市政道路竣工之后就是竣工验收，综合考察质量控制的结果。市政道路验收质量控制包括检查原材料质量、检查成品质量、检查半成品质量、验收生产设备、检查施工工艺、验收隐蔽工程、检查市政道路外形、检查工程实体质量等。

施工单位在工程质量检查合格的前提下，将预约竣工验收通知书发送给建设单位，提交竣工报告，然后进行单项工程验收与整体工程验收。验收小组基于设计图纸、国家规范等提出验收的意见，若工程满足竣工标准，将《竣工验收证明书》发送给施工单位。工程竣工后需要整理所有工程资料，并进行归档。如果各方对于工程质量验收意见不同，可以通过协商、协调、仲裁、诉讼等方法解决。完成验收以后，施工单位将工程移交给建设单位使用，施工单位与建设单位签署验收证书、工程报修书等。

第四节　市政道路维修养护的技术

市政道路属于城市交通的重要组成部分，对社会经济的发展具有十分重要的促进作用，市政道路的实际使用情况也在很大程度上反映出了我国城市的建设发展状况。因此，城市道路设施的养护管理属于市政部门的重要工作之一,我们必须对此项工作予以重视,在道路养护方面采取科学有效的措施,对可能存在的隐患实施有效的治理,从而确保城市道路的正常使用。

一、市政道路维修养护工作的重要性

现阶段国内大多数城市道路都或多或少存在损坏问题,部分道路路面出现裂缝或凹凸现象,车辙问题也较为明显,网状、横纵向裂缝比较普遍。同时,市政道路承载交通流的逐渐增大,并且其在日常使用过程中缺乏有效管理,一些道路存在推移损坏情况,路面容易出现波浪形态或者高低不平的情况,这些问题在道路交叉口以及急转弯位置相对较多。另外,在部分沥青道路中,坑槽以及泛油的问题也比较常见,对市民日常行车和出行安全带来极大的威胁。

对于现阶段市政道路的损坏情况,必须制订更加完善的维修养护工作计划,不断优化市政道路维护工作。市政道路日常维修养护工作水平的不断提升,能够在很大程度上降低市政道路建设成本,减少因为交通事故而带来的损失,确保市政道路的安全畅通,为广大市民带来更多的便利,真正发挥市政道路在城市建设发展过程中的重要作用,为城市的和谐发展打下良好基础。

现代市政道路维修养护工作应当积极应用有针对性的维修技术措施。在选择维修养护技术的过程中,应当充分结合市政道路的实际情况,同时考虑其美观性,在保证行车安全的基础上美化城市形象。

二、市政道路维修养护的技术措施

（一）裂缝填封

一般来说针对缝宽不超过 10 mm 的普通裂缝,可使用热沥青或乳化沥青进行灌缝;若缝宽大于 10 mm,通常选择细粒式热拌沥青混合料或乳化沥青混合料进行填缝施工。

在进行市政道路维修养护作业的过程中，必须严格根据"开槽——清缝——灌缝——洒灌缝集料"的基本流程实施作业，着重对槽宽、槽深、槽壁的清洁干燥度、灌缝材料质量等可能对施工质量造成影响的因素予以有效控制。

（二）路面沉陷处理

市政道路路面沉陷问题通常包含两种情况：一是由于路基不均匀沉降导致的路面局部沉陷，应结合路面的具体破损程度选择有针对性的处理措施；二是因为土基结构受到损坏或因为桥涵台背填土不均匀沉降导致的路面沉陷，对此应当根据坑槽的维修措施进行修补。针对路基不均匀沉降导致的路面局部沉陷问题，若沉陷程度相对轻微，可将沉陷位置边缘人工凿成规则形状，进行清除后喷洒或涂刷粘层沥青，随后进行填平压实；若沉陷问题相对严重，已经导致路面严重破损，应当根据坑槽维修措施进行处理。而对于土基结构层损坏或桥涵台背填土不均匀沉降导致的路面沉陷，当填土密实度不达标时应当进行重新压实处理，而针对含水量与空隙相对较大的软基或包含有机物质的黏性土层，应当实施换土处理，换土厚度按照软层实际厚度选择，换填材料应当具备一定的强度和良好的透水性能。

（三）车辙维修

针对沥青路面夏季高温时面层软化后出现的轻微变形问题，可不进行处理，通过控制行车碾压恢复路面平整度。针对因为路面磨损导致的车辙，需要在车辙部位开槽，同时在槽底和槽壁喷洒黏结沥青，在槽内重新补充沥青混合料。对于因为基层下沉导致的车辙，可以开挖路面处置基层后重铺面层。

（四）沥青路面上封层技术

针对市政沥青道路路面面层空隙较大、透水问题严重、裂缝较多、磨损严重、强度无法满足使用标准的路面，通常可以在加铺路面上封层进行处理。现阶段，维修养护作业中普遍选择单层或多层式沥青表面处治、乳化沥青稀浆封层技术和微表处理技术进行治理。单层或多层式沥青表面处治在处理道路路面裂缝厚度超过 15 mm、路面网裂厚度超过 30 mm 时采用；乳化沥青稀浆封层技术以及微表处理技术通常用于对沥青路面车辙的处理。在选择上述施工技术的过程中，必须充分注意，作业环境的温度应当保持在 10 ℃左右，养护成型阶段的环境温度应当大于 10 ℃。

（五）再生技术

再生技术通常用于市政道路破损问题的修复。现阶段，在市政工程养护管理作业中所应用的再生技术包含了就地热再生技术、厂拌热再生技术、就地冷再生技术和厂拌冷再生技术等几种类型。因为市政道路上通过的车辆相对较多，大型机械设备无法有效铺开，所以大部分时候可选择厂拌再生技术。在实际应用过程中，水损坏严重的沥青路面可选择这一技术，加铺沥青面层的可选择厂拌冷再生技术再生基层。针对裂缝类病害、车辙或者泛油的沥青路面，可以应用厂拌热再生技术进行处理。

（六）路面监测

现代科学技术的发展为市政道路维修养护工作带来了极大的便利和有效的技术支持，现代养护监测工具不但能够促进路面监测作业效率的提升，同时还能够极大降低传统巡检工作量。例如，通过行车途中的路面反馈，车载平整度监测仪器能够及时有效地监测和记录路面的平整度和破损程度等。借助现代监测技术，市政道路巡检作业效率得以明显提升，同时路面维修养护作业成本也得以降低。在未来的工作中，我们应当大力推广应用各种新技术和设备，促进市政道路维修养护工作水平的持续提高。

总而言之，市政道路维修养护是一项十分重要的工作，我们应当严格控制市政道路工程质量，根据其实际运行使用情况，对存在的具体问题进行深入分析，探究市政道路维修养护周期和规律，采取有针对性的技术措施来促进市政道路质量的提升和使用寿命的延长。

第四章 市政桥梁施工

第一节 市政桥梁施工技术

一、桥梁桩基施工技术

（一）桥梁桩基施工技术的常见类型

1.人工挖孔桩

人工挖孔桩施工技术的主要使用条件就是桩基比较短、直径比较小。人工挖孔桩采用人工的方式进行桩基的施工，完成整个挖掘工作，在孔形成之后再安装钢筋架，完成混凝土的施工，从而形成桩基来支撑上面部分的结构。此种施工技术涉及的施工工艺并不难，操作起来比较简单，便于进行桩基成孔的检测，与其他的技术相比具有一定的优势。

2.钻孔灌注桩

钻孔灌注桩技术在具体实施的过程中主要有两种方式：一种是正循环钻孔，还有一种是反循环钻孔。前者主要是向钻杆内循环灌注水泥，在此过程中，钻渣的比重比较轻，往往会在泥浆的上面漂浮，再随着泥浆的上浮慢慢排出孔洞。通常情况下，钻渣越多，泥浆的浓度也随之增大，一些钻渣就会沉淀，进而降低灌注效率。

（二）桥梁桩基施工技术的实施

1.开挖灌注桩

在开挖灌注桩时，一定要遵循设计图纸的要求规范地进行施工，尤其是前期的测量放样，要准确找出孔桩所在的中心位置，对桩位进行准确的定桩。在开挖桩孔的时候，

54

如果桩与桩之间的距离不大,最好选择间隔开挖的方法进行施工,要对第一节井圈的中心线和设计轴线的偏差进行严格的控制。

2.钢筋笼施工

(1)钢筋笼的制作

在对钢筋进行支架定位的施工当中,一定要准确地找好钢筋之间的距离,确保每个钢筋都是平均分布的,间距要保持在要求的范围内。在完成钢筋焊接的施工中,定位圈的焊接可以在钢筋笼的内部进行。

(2)钢筋笼的安装

在进行施工之前,应该检查孔内是否有残渣,或者是否有塌陷的地方。在确保了质量以后才可以安装钢筋笼。在此过程中要特别注意钢筋笼的搬运工作,尽可能避免其形状发生变化,安装的时候应该将位置对准,并且迅速地将钢筋笼对准孔内,缓慢地放进去,尽量不要触碰孔壁,防止孔壁发生变形。

(三)桥梁桩基施工技术的要点

1.桩基灌注施工技术的要点分析

在桩基灌注施工的过程中,涉及的施工技术的控制要点主要体现在两个方面:第一,在桩基灌注之初,要将适当数量的缓凝剂加到混凝土当中,及时地进行导管掩埋深度测量,保证灌注速度和灌注量处于适当水平;第二,整个施工一定要按照规范的要求进行,严格控制埋管深度。

2.桩基钻孔施工技术的要点分析

在桩基钻孔施工的过程中,施工技术的控制要点体现在三个方面:第一,钻孔之前一定要认真地对钻机底座进行检查,确保稳定;第二,钻孔之前要了解地貌变化情况,进行有效的事前控制,结合实际情况选择合适的钻孔方法;第三,一旦出现了钻孔倾斜的问题,要及时进行原因分析,并做好加固工作。

（四）常见问题及策略

1.孔壁坍塌现象严重

根据实际的施工情况来看，护壁或者是护筒过程中可能会出现水泥使用量不够，导致工程出现坍塌的现象，或者工程本身的施工条件不太好，又没有进行专业的处理，孔内部的泥浆太低，进而产生孔壁坍塌的现象。所以，在钻井时，施工人员应该向钻孔中补足泥浆，这样做可以将孔内的水位提高，减少失误的出现，防止孔壁坍塌现象发生。

2.孔壁倾斜的现象经常出现

市政桥梁的桩基施工中，还有一个问题就是对地基的勘察工作不够全面和深入。在钻孔的时候，经常会遇到大的石块或者是比较坚硬的土层，这些问题不提前发现和及时处理，就会导致孔壁倾斜的现象出现。这就需要施工人员结合实际情况，做好前期的工作，遇到问题及时采取有针对性的措施进行处理。

二、预应力施工技术

随着经济的发展，城市的交通量增加，进而增加了桥梁的压力荷载和交通荷载，为了保证桥梁的正常通行，就需要对桥梁结构进行加固，而预应力施工技术在桥梁加固中得到了很好的应用。预应力施工技术的应用，能够很好地对桥梁的实际结构进行加固，并且能够优化桥梁的部分结构。通过优化和加固之后的桥梁，可以减少混凝土的应变程度，进而使桥梁可以产生较好的压应力。桥梁在受到荷载的作用时，就能够通过压应力来抵消拉应力，降低各种荷载对桥梁产生的不利影响。

（一）预应力施工技术在多跨连续桥梁施工中的应用

多跨连续桥梁是市政桥梁建设中的主要桥梁结构类型，因为其自身的特点，多跨连续桥梁结构当中会产生弯矩，这样将会影响到桥梁支座部位以及中间部位的稳定性，如果处理不当，将会威胁到整个桥梁的稳定性。应用预应力施工技术，能够解决这一问题。在正弯矩和负弯矩钢筋连接的位置使用碳纤维材料来简化施工程序，并且在桥梁负弯矩和正弯矩的部位借助预应力施工技术进行加固，可以保证桥梁的稳定性。同时，采用这一技术，还能够有效预防裂缝产生，提升桥梁的抗弯能力，一举两得。

（二）预应力施工技术在桥梁弯矩施工中的应用

在市政桥梁建设中，受弯构件是这个结构当中的重要组成部分。如果在桥梁投入使用之后，其应力或者是压力超出桥梁本身能够承受的限值，桥梁的弯曲构件就会断裂，影响桥梁的使用性能和使用寿命。为了避免这种现象发生，延长桥梁的使用寿命，在施工中，可以采用预应力施工技术，对弯矩构件进行加固。加固过程可以选择强度较高的碳纤维材料。

（三）预应力施工技术在混凝土结构施工中的应用

市政桥梁施工中应用预应力施工技术，经常会出现一定的问题，裂缝就是较为突出的问题。通常，在施工过程中，裂纹在预应力施工之前就已经产生了，而桥梁工程中裂缝的出现也更为常见，裂缝也是钢筋混凝土结构施工中不可避免的问题。裂缝的产生主要是因为温差较大，合理地控制温差能够减少裂缝的产生。

将预应力施工技术应用到混凝土结构的施工中，能够对施工中出现的裂缝进行有效的控制。具体来讲，在桥梁混凝土结构施工过程中，如果在受拉力的区域事先施加压力，当混凝土结构和构件在受到外部压力的时候，将会缓冲并抵消混凝土中的预压力，之后才能够受到外部的压力，通过这种方式，就能控制混凝土的伸长程度，降低裂缝出现的概率。

（四）预应力施工技术在桥梁施工中应用的具体对策

将预应力施工技术应用到桥梁施工当中，为了最大限度地发挥其优势，需要注意以下几点。

1.根据施工要求选择恰当的钢绞线

在桥梁工程施工之前，施工人员和现场的技术人员需要沟通合作，全面了解桥梁工程的信息，对于桥梁的结构、选择的技术、施工设备、施工材料等数据信息都要十分清楚。同时，要在施工前选择恰当的钢绞线。选择时，要考虑到经济实用和美观方便的要求，以更好地突出桥梁设计的特点。因为低松弛钢绞线有着实用性能强、工程造价低的优势，所以在将预应力施工技术应用到桥梁施工过程中时，低松弛钢绞线应用非常广泛。同时，施工人员在选择钢绞线的时候还需要以桥梁工程的实际要求为出发点，并结合其延伸率、松弛率以及其他几何参数，选择最佳的钢绞线。

2.正确分析预应力的影响

在将预应力施工技术应用到桥梁工程项目的施工建设当中时，为了更好地发挥其作用，施工人员必须正确分析预应力的影响，这样才能更好地应用预应力施工技术。施工人员和设计人员要进行交流，现场技术人员要结合不同数据和信息进行分析，制作出大致的框架分布图，对桥梁工程的预应力进行综合全面的分析，并针对现场的问题设计应急预案，分析应急预案的科学性和可行性。

3.合理选择施工工艺

预应力施工技术可以分为先张法预应力施工技术和后张法预应力施工技术。在实际施工中，要根据具体情况选择恰当的施工技术。以后张法预应力施工技术为例，在支架和模板施工中，一般会应用到这一技术。由于许多市政桥梁工程建设区域地质不稳定，地基的承载力不能满足要求，因此施工中可以采用钻孔灌注桩施工技术，先浇筑混凝土横梁，之后合理搭设碗扣支架。模板安装则需要按照程序规定进行操作。

预应力施工技术的应用，有效提升了桥梁结构的稳定性，保障了桥梁的质量和使用性能。随着技术的发展，预应力施工技术也在逐步地完善，其在路桥工程中的应用也越来越广泛。为了更好地发挥其作用，必须深入研究预应力施工技术的应用特点，并结合工程实例科学地进行分析。

第二节 市政桥梁施工机械化
及智能化控制

一、桥梁施工机械化与智能化发展

由于工业革命的影响，国外工程机械早在 20 世纪早期就开始发展，具有代表性的是 1904 年卡特彼勒前身 Holt 制造公司成功研制第一台蒸汽履带式推土机，这成为早期国外研发制造工程机械的开端。我国工程机械的发展是从新中国成立后开始的，大致可分为四个阶段：

第一阶段（1949—1960 年）：萌芽与准备时期。

第二阶段（1961—1978 年）：行业形成时期。第一机械工业部组建成立了五个机械管理专业局。

第三阶段（1979—1997 年）：行业向市场经济过渡的全面发展期。在这个阶段具有代表性的事件是 1989 年徐工集团、三一集团成立。此外，1992 年长沙中联重工科技发展股份有限公司成立，1993 年广西柳工机械股份有限公司成立。

第四阶段（1998 至今）：国际化发展时期。1999 年湖南山河智能机械股份有限公司成立，2004 年山东众友工程机械有限公司成立……很多机械研发与制造公司相继成立，为我国施工机械的开发、研制作出了卓越的贡献。

新中国成立之初，百废待兴，大量工程项目亟待建设，面对当时很多工程施工都要靠手工操作的状况，1956 年 5 月 8 日，国务院作出《关于加强和发展建筑工业的决定》，指出：为了从根本上改善我国的建筑工业，必须积极地有步骤地实行工厂化、机械化施工，逐步完成对建筑工业的技术改造，逐步完成向建筑工业化的过渡。此外，《关于加强和发展建筑工业的决定》还指出，重点工程，即重要的工业厂房、矿井、电站，大的桥梁、隧道、水工建筑等工程，必须积极地提高工厂化施工的程度，积极采用工厂预制的装配式的结构和配件，尽快提高机械化施工的水平。

1964 年 10 月，夏孙丁、王川等在《唐山铁道学院学报》上发表的《桥梁建筑工业化的现状和发展趋向》中提出了实现桥梁设计标准化、实现桥梁构件制造工厂化、实现桥梁施工机械化，即"三化"的发展趋势。

《国民经济和社会发展第十一个五年规划纲要》强调，推进建筑业技术进步，完善工程建设标准体系和质量安全监管机制，发展建筑标准件，推进施工机械化，提高建筑质量。标准化施工的提出和开展，提高了施工的机械化水平，促进了更多桥梁专业机械设备在工程施工中的应用。

随着科技的进步，桥梁施工机械化程度不断提高。如何改进和实现桥梁施工机械设备现代化，满足发展要求，成为机械设备加工行业研究的方向，也是满足市场需求条件的要求。

2011 年，第十一届中国（北京）国际工程机械、建材机械及矿山机械展览与技术交流会的顺利落幕，促进了工程机械行业的发展与技术交流，体现了绿色、变革擎起未来的发展趋势。

2013 年，第十二届中国（北京）国际工程机械、建材机械及矿山机械展览与技术交流会的顺利举办，促进了工程机械新技术、新产品的推广，体现了效率更高、节能减排、降低噪声污染等行业发展趋势。

2015 年，第十三届中国（北京）国际工程机械、建材机械及矿山机械展览与技术交流会召开，各大企业在不断转型升级中，新产品也不断革新，这次展览会充分体现了工程机械智能化、数字化、互联网化、节能化、环保化等特点，对整个工程机械行业的生态模式产生了巨大的影响。智能控制系统在工程机械上的应用，促进工程机械产品向高效、节能、环保、智能方向发展，有利于实现我国工程机械的整体升级换代。未来，除了应用于装载机、挖掘机外，智控系统也将逐步推广到叉车、小型机、桩工、混凝土机械等其他产品领域，开创工程机械智能产品的全新时代。

随着我国经济、社会持续发展，桥梁施工作业集约化、规模化程度不断提高，传统、低效、半机械化的各种加工设备已不能适应现代施工要求。工厂化、规模化、标准化、精细化、便捷化、高效化、智能化对桥梁施工机械设备提出了更高的要求。大型、特种、专用工程机械和技术含量高、能耗低、功能完善、操作维护简单的产品不断出现，桥梁施工设备升级换代速度加快，设备品种、应用不断丰富。

二、桥梁机械化施工

（一）先进设备的引进

随着我国桥梁建设事业的迅速发展，桥梁施工设备也随之向集成化、自动化、智能化方向发展，一些先进设备也得到了应用和推广。施工机械化程度，对工程建设的投资控制、进度控制和质量控制起着十分重要的作用。许多桥梁工程项目按照标准化、精细化、专业化施工要求引进了一些先进的钢筋加工设备、混凝土施工设备、双导梁架桥机及一些精细化施工采用的先进小型设备。

（二）先进设备的应用

1.钢筋加工设备

钢筋是桥梁建设过程中必不可少的材料之一，为适应桥梁建设需要，许多桥梁工程项目按照标准化、精细化施工要求，大力推行钢筋工厂化、机械化、专业化加工，确保在半成品制作规范、合格的前提下采用先进安装工艺，消除钢筋骨架尺寸不合格、保护层难以控制、钢筋制作安装质量低的问题。

桥梁施工中采用了几种新型的钢筋加工设备，如数控钢筋调直切断机、数控弯曲中心、数控钢筋弯箍机、全自动钢筋笼滚焊机、钢筋直螺纹连接设备等。提高了钢筋加工的效率、精度，降低了对钢筋原材的损耗。

（1）数控钢筋调直切断机

数控钢筋调直切断机用于盘条钢筋调直、钢筋切断。

工作原理：钢筋在牵引机构的送进过程中通过外部辊轮式预矫直和内部筒式回转调直机构将盘条钢筋调直，然后由切断机构定尺切断。

使用时，首先要设定好加工长度和数量，然后系统自动进行加工，可以自动定尺、自动切断、自动收集、自动计数。采用的 GT-12 数控钢筋调直切断机，标示图标明白易懂，显示屏输入，操作简单，容易掌握；调直效率高，平均每分钟可调直约 180 m；定尺长度误差可控制在 1 mm 以内，调整精度可控制在 1 mm/m 以内，调直精度高；具有自动监控、自动报警系统，便于故障查找和排除，加工可靠性高。

（2）数控弯曲中心

数控弯曲中心用于加工棒材钢筋，由原材输送台、弯曲主机、导轨、成品收集架四部分组成，可一次性加工多根同规格的钢筋。首先，人工要将弯曲尺寸输入到操控中心，然后，主机开始工作，自动进行定位、弯曲，完成后自动收集到指定位置。

采用数控弯曲中心制作钢筋，自动化程度高，精确的齿条定位系统能提高弯曲长度、弯曲角度的精确度。并且，数控弯曲中心能够自动计数，大大降低了劳动强度，提高了钢筋加工精度和工作效率。可视化故障报警功能使设备管理更加便捷。

（3）数控钢筋弯箍机

数控钢筋弯箍机主要用于冷轧带肋钢筋、热轧三级钢筋、冷轧光圆钢筋和热轧盘圆钢筋的弯钩和弯箍。桥梁工程钢筋加工中数量最多的就是各种箍筋，对钢筋骨架整体成型效果影响最大的也是箍筋。采用普通弯箍机加工效率低、精度低，不能满足现在高标准的桥梁施工要求。因此，许多项目在钢筋制作中采用了数控钢筋弯箍机进行箍筋的工厂化加工。1 台数控钢筋弯箍机平均每天可以制作 4～6 t 钢筋。数控钢筋弯箍机角度调节范围广，0～180°可任意调整，能弯曲方形、梯形箍筋和 U 型钩等；定尺准确，大大提高了施工效率和施工质量，预制构件大批量箍筋的加工效果非常好。数控钢筋弯箍机可在操控中心系统预先输入 500 种加工图形，加工时只需调出使用，钢筋调直、牵引、弯曲、切断全过程自动完成。1 台设备只需要 1 个工人进行操作便可完成，自动化程度高，大大降低了劳动强度。后期维修保养简单，只需更换刀片、弯曲芯轴等，使用成本相对较低。

（4）全自动钢筋笼滚焊机

全自动钢筋笼滚焊机由主盘旋转、推筋盘推筋、扩径机构移动、焊接机构移动四部分传动系统组成，并由各自独立的电机进行驱动。要预先设定制作参数，采用机械旋转，主筋和盘筋缠绕紧密，间距比较均匀。先成型后加内箍筋，确保钢筋笼同心度满足规范要求。一次性焊接成型，加工精度高，速度快。

全自动钢筋笼滚焊机配套有螺旋箍筋调直机，在主筋下料完成后，能自动完成主筋和螺旋筋上料、定位和安装工作，且相邻两节钢筋笼主筋能同时定位，能保证钢筋笼拼装的准确性。

传统施工工艺加工钢筋笼多采用人工和辅助工具进行主筋固定、螺旋筋缠绕及焊接，加工效率低，劳动强度大。由于是人工操作，加工精度相对难以控制，极大程度上取决于工人的加工经验、水平及业务素质。

在使用全自动钢筋笼滚焊机施工时，箍筋不需搭接，与手工作业相比节省了1%的材料，降低了施工成本。由于采用的是机械化作业，主筋、螺旋筋的间距均匀，钢筋笼直径一致，质量稳定可靠。由于主筋在其圆周上分布均匀，多个钢筋笼搭接时很方便，既满足规范要求，又节省了吊装时间。使用全自动钢筋笼滚焊机加工钢筋笼保障了施工质量，提高了工效，降低了成本。

（5）钢筋直螺纹连接设备

钢筋连接方式有三种：绑扎连接、焊接和机械接头连接。绑扎连接仅在钢筋构造复杂、施工困难时采用；焊接对焊工的技术要求高，需要较多的电焊机，且花费时间较长，高空焊接时操作困难，无法适应现在又快又好地作业的要求；机械接头连接工艺有锥螺纹连接、套筒挤压连接、直螺纹连接（镦粗直螺纹连接、滚压直螺纹连接、剥肋滚压直螺纹连接）。精细加工丝头是钢筋直螺纹连接接头质量的根本保证。

以剥肋滚压直螺纹连接设备为例，其操作工艺为：首先将切好的钢筋端头夹紧在设备上，利用滚丝头前端同轴组合飞刀对钢筋的纵横肋进行切削，使钢筋滚压螺纹部分的直径及长度满足滚压直螺纹的要求，然后利用控制器使飞刀张开，螺纹滚丝头随即跟进滚压螺纹，形成丝头。

套筒与丝头的咬合是否密贴也是影响钢筋直螺纹连接质量的因素，所以，在加工丝头前要对钢筋端头进行切平，保证钢筋端面与钢筋轴线垂直。加工好的丝头要进行打磨去刺，磨平端面，确保与套筒连接时咬合密贴。

钢筋直螺纹连接设备及工艺的特点：操作简便、施工效率高、丝头强度高、连接质量稳定、节约钢材、经济、安全。

（6）钢筋存放、吊装设备

钢筋加工厂棚采用轻型钢结构彩钢瓦进行搭设，顶面和两侧墙设有透光瓦，以增强光线度。钢筋加工棚设有钢筋原材区、加工区、半成品区和成品区，分类堆放，编码整齐，清晰有序，有利于管理。显眼处挂有统一规格标示牌，成品、半成品的标示牌包含钢筋规格型号、设计大样图、用途、质量、状态等信息，便于查找选用，避免出现查找难、尺寸和规格不相符等管理通病。棚内设两台 5 t 龙门吊，用于装卸钢筋原材及半成品调运。

2.大跨径现浇连续梁施工设备

（1）混凝土运输车

在浇筑大方量混凝土之前必须对混凝土运输车进行检查，确保车况良好，混凝土运输车配置数量根据混凝土浇筑方量确定。为保证混凝土的供应质量，混凝土自搅拌机中卸出后，要及时运至浇筑地点，路途中不得耽搁。在运送混凝土时，搅拌筒转速应控制在 2～5 r/min，总转数控制在 300 r 内。若混凝土的运输距离较长或坍落度较大，出料前应先将搅拌筒快速转动 5～10 r，使里面的混凝土能充分搅拌，这样出料的均匀性就会大大提高。运输过程中要保持混凝土的均匀性，避免分层离析、泌水、砂浆流失和坍落度变化等现象发生。

（2）汽车泵

汽车泵型号要根据桥梁长度及两侧施工空间确定。泵送对混凝土和易性（流动性、保水性、黏聚性）要求较高，混凝土的泌水率要符合要求，否则容易引起混凝土在泵送过程中发生堵泵现象。对于高标号混凝土，坍落度通常在 200 mm 左右才能满足泵送要求，坍落度也不能过大，否则容易发生离析，并且会堵泵。此外，泵送混凝土对材料的级配有一定的要求，要求砂、石料的级配比较好。因此，一般泵送混凝土会加入一定量的泵送剂，改善混凝土的和易性，使混凝土能顺利从泵管中输出。

汽车泵在现浇混凝土中的应用，缩短了施工时间，避免产生施工缝；节省了运送过程产生的附加成本，减少了混凝土浪费；泵送可以保持混凝土中的水分，保证浇筑质量；采用手持操作器，一个人就可以指挥泵送杆进行操作，可大量节省浇灌时的人力。汽车泵具有布料方便、泵送量大、便于施工的特点，目前在大体积、高空作业的现浇混凝土施工中被普遍采用。

（3）钢绞线穿索机

钢绞线穿索机由机械进行传动，滚轮夹持钢绞线进行传送，可以前进，可以后退，可以连续传送，也可以电动传送，由人工手动控制按钮进行操作。钢绞线穿索机在穿束前只需要人工搭设好操作平台即可，操作方便，效率高，穿束质量好，是长跨径连续梁预应力钢绞线穿束的理想设备。以往人工穿束最少需要 5～6 人进行作业，采用穿索机只需 2 人便可完成穿束工作，大大降低了劳动强度，节约了人力资源。

3.双导梁架桥机

（1）双导梁架桥机的组成及特点

双导梁架桥机由双主导梁、支腿、吊梁小车、走向机构、横移机构、电控系统组成。

主导梁采用三角桁架，可以双向行走，不用掉头便可反方向架梁；过孔不需要铺设专用轨道，可自平衡过孔；架设边梁时可一次到位，安全可靠；同时，能够满足大坡度、小半径曲线桥、45°斜桥架梁的要求，具有运行工作范围广、性能优良、操作方便、结构安全的特点。

（2）架桥机使用要求

架桥机要有架桥机制造许可证、出厂合格证、生产厂家营业执照、设备维修记录等资料；架桥机操作人员要有特种作业操作证；运梁车（炮车）要有出厂合格证，司机要有操作证。

架桥机安装前要制订安装、拆除方案，并经本单位技术负责人、监理单位总监理工程师审批同意。架桥机由具有资质的单位或专业人员安装，安装完成后要经过当地质量监督部门验收合格方可使用。

架设前，要制订架梁、运梁施工方案，做好运梁、架梁作业指导书、技术交底和安全交底。

4.三辊轴振动整平机

三辊轴振动整平机是常见的桥面整体化层施工设备。三辊轴振动整平机主体部分是一根起振密、摊铺、提浆作用的偏心振动轴和两根起驱动整平作用的同心轴，振动轴始终向后旋转，而其他两根可以前后旋转。

工作时，机械向前运动，振动轴向后高速旋转，通过偏心振动，使混凝土骨料下沉，砂浆上浮，起到提浆作用；同时将振动轴前方的混凝土向前推移，行进过程中填平低陷处，起到整平作用；后退时停止振动，实施静滚压，消除振动轴甩浆时留下的条痕；三辊轴振动整平机一般要进行2～3遍往返作业，并且需要人工配合整修、填平、检查，必要时采用刮杠辅助整平。由于三辊轴振动整平机的振捣深度一般为3～5 cm左右，而桥面整体化层一般为10 cm，所以施工时还要配备一台安有插入式振动棒的振捣机，具备自动行走功能，确保混凝土振捣均匀、密实。

三辊轴振动整平机具有振捣、摊铺、提浆、整平的作用，具有自动行走、施工方便、速度快、整平精度高、坚固耐用、维护保养简单的优点，是桥面整体化层施工较好的施工设备。

5.桥梁施工小型设备

随着近年桥梁施工精细化要求的提出，小型设备随之被应用在桥梁施工中，代替手工作业，改善了施工质量，降低了劳动强度，提高了施工效率，也降低了施工成本。

（1）混凝土凿毛机

近年来，新旧混凝土接合部的处理，引起了广泛的关注和研究。混凝土凿毛质量直接影响了混凝土构件黏结质量，箱梁主要对翼缘板端部、梁端、横隔板端部以及顶板进行凿毛。翼缘板端部和横隔板端部凿毛质量是影响箱梁横向连接的重要因素，梁端凿毛质量影响封端的质量，箱梁顶板的凿毛质量影响桥面整体化层施工质量。桥面整体化层表面浮浆不处理，会造成防水层失效，桥面铺装剥离、破坏。

为了预防新旧混凝土接合部的质量通病，加强混凝土凿毛质量控制，经过市场调查和工艺比选，本节选取气动手持式凿毛机进行箱梁端部的凿毛，选取手推式凿毛机进行箱梁顶板的凿毛，选取抛丸处理的方法进行桥面整体化层表面浮浆的处理。

气动手持式凿毛机采用空压机辅助，在压缩空气的推动下，以高速度、高频率和高冲击力击碎混凝土表面，达到凿除表面浮浆的效果。每台机器只需要一人进行操作，平均每小时可凿毛10～15 m²，凿毛深度均匀，密度高，改善了以往手工凿毛密度不够、深度不匀的通病。气动手持式凿毛机机型小，机身轻便，具有移动方便、操作简单、效率高的特点，适用于箱梁翼缘板端部、封锚端头、横隔板端部的凿毛。

　　手推式凿毛机是由多个凿毛头组合而成的整体式手推移动的凿毛机，每个机器有 11 个凿毛头，凿毛头采用高优质钨钢合金制作，凿击频率可达每分钟 24 000 次，每小时凿毛面积可达 30～100 m²，因混凝土强度不同，效率有所差异。一般情况，在混凝土强度达到 50%左右进行凿毛，效率会高些。由于箱梁顶板设有桥面连接钢筋，需沿梁长方向凿完一道再移至另一道继续凿毛。手推式凿毛机适用于面积不大的箱梁顶板，具有凿毛效率高、操作方便、凿毛效果佳的特点。

　　抛丸处理是指通过机械的方法把丸料（钢丸或砂粒）以很高的速度和一定的角度抛射到混凝土表面，让丸料冲击混凝土表面，然后通过机器内部配套的吸尘器的气流进行清洗，将丸料和清理下来的杂质分别回收，丸料可以被再次利用的技术。桥面整体化层一般采用车载式抛丸设备，配有除尘器，可做到无尘、无污染施工，既能提高效率，又能保护环境。抛丸机操作时通过控制丸料的颗粒大小、形状，调整和设定机器的行走速度，控制丸料的抛射流量，确保抛丸处理后桥面具有理想的粗糙度。抛丸处理工艺能够一次将混凝土表面的浮浆、杂质清理和清除干净，对混凝土表面进行打毛处理，使其表面均匀粗糙，大大提高防水层和混凝土基层的黏结强度。不仅如此，抛丸处理工艺能够充分暴露混凝土的裂纹等病害，以便提前采取补救措施。

　　（2）混凝土抹平机

　　桥梁支座垫石顶面高程、平整度、四角相对高差，规范允许值只有 2 mm，以往施工中为了确保垫石施工质量，采用水准仪精准测量和水平尺辅助人工多次抹面的方法进行控制。而桥梁支座垫石施工中采用混凝土抹平机进行抹面处理效果更好。抹平机利用电机使十字盘旋转带动安装在其上面的抹盘做同步旋转，对混凝土表面进行抹光处理。经过混凝土抹光机处理的支座垫石表面较人工抹面更加平整、光滑，大大提高了工作效率，降低了劳动强度。混凝土抹光机除了用于支座垫石抹平外，还可用于其他部位混凝土顶面的抹平处理。

　　（3）混凝土钻孔机

　　桥面泄水孔一般都是从箱梁预制时就要在箱梁顶板进行预留，通常采用预埋 PVC 管或者制作可取出反复利用的钢筒进行预留孔洞。以设计尺寸为直径 150 mm 的桥梁泄水孔为例，若采用 PVC 管预留泄水孔，一是材料使用较多，二是往往难以取出，市场上的 PVC 管直径 150 mm 指的是外径,导致实际孔径往往不够;若预埋直径偏大的 PVC 管,又造成后续封堵困难,较好的做法就是制作直径符合要求的钢筒来预留孔洞。箱梁预制时泄水孔预留误差、架设时梁板偏位的误差、桥面整体化层施工时预留泄水孔的误差累积起来,会导致泄水管无法安装。针对这种情况,采用混凝土钻孔机进行泄水孔钻孔处理,采用 168 mm 钻头,直径大小正好,1 台机仅需 1 人便可进行操作,每天 8 小时可钻 20～30 个孔。采用混凝土钻孔机处理预留孔可一次到位,施工方便,效率高,能较好地解决泄水管安装的问题。

桥梁施工中大量引进和应用新型、专业化、自动化机械设备,克服了传统手工作业和半机械化作业劳动强度大、施工误差大、施工效率低的缺点。提高机械化程度,选择先进、专业化的机械设备,能够促使桥梁施工向专业化、精细化发展。

三、桥梁智能化施工

桥梁结构耐久性是影响桥梁安全、结构寿命的关键因素,上部结构的提前损坏,如早期下挠、开裂等病害,以及桥梁安全事故发生是国内交通行业日益关注的问题。桥梁施工往往都是靠人的手工操作来实现的,然而受人为手工操作误差、人员素质参差不齐等原因的影响,桥梁施工很难达到理想的效果。因此,近些年很多企业研发了桥梁智能化施工控制工艺和设备,实践证明,与以往手工操作相比,桥梁智能化施工控制工艺和设备取得了相当可观的成效。

(一)智能张拉在桥梁施工中的应用

随着桥梁工程的发展,预应力施工技术已被广泛应用于各种结构的桥梁中,预应力施工质量的好坏,直接影响结构的耐久性。不少桥梁因为预应力施工不合格,被迫提前进行加固,严重的甚至突然垮塌,给社会造成了巨大的生命财产损失。分析原因,主要是因为在传统的张拉工艺中,施工人员凭经验手动操作,人工读数、计算、判断预应力施工的质量,误差很大。

为了消除手动操作误差,提高预应力施工质量,杜绝人为因素对施工质量的影响,现代桥梁工程引进了智能张拉设备及施工工艺。

1.智能张拉设备

国内近些年对智能张拉设备开展研究的单位很多，如湖南联智桥隧技术有限公司、西安璐江桥隧设备有限公司、上海同禾土木工程科技有限公司、上海耐斯特液压设备有限公司、柳州泰姆预应力机械有限公司等。这些公司研发出了许多智能张拉设备，在不同的工程中得到了应用。笔者以西安璐江桥隧有限公司生产的四台千斤顶、两台控制主机的成套智能张拉设备为例进行分析。

预应力智能张拉设备由千斤顶、电动液压站、高精度压力传感器、高精度位移传感器、变频器及手持遥控器控制箱组成。

工作原理:通过手持遥控器控制箱进行操作,控制两台控制主机同步实施张拉作业,控制主机根据预设的程序发出指令,同步控制每台设备的每一个机械动作,自动完成整个张拉过程,实现对张拉控制力及钢绞线伸长量的控制、数据处理、记忆存储、张拉力及伸长量曲线显示。手持遥控器控制箱由嵌入式计算机、无线通信模块、数据储存卡等构成,可实现与主机智能通信、人机交互、与 PC 机通信的功能,可通过与电脑连接,随意调取、打印张拉数据。手持遥控器控制箱通过传感技术采集每台张拉设备(千斤顶)的工作压力和钢绞线的伸长量等数据,并实时将数据传输给系统主机进行分析判断,实时调整变频电机工作参数,从而实时调控油泵电机的转速,实现张拉力及加载速度的实时精确控制。

2.智能张拉施工工艺

（1）准备工作

按照《公路桥涵施工技术规范》（JTG/T 3650—2020）对钢绞线进行取样检验,钢绞线的力学性能和松弛率符合要求方可使用。通过检测可得到钢绞线的弹性模量,计算钢绞线理论伸长值,复核设计伸长值是否正确。

张拉开始前要按规定对千斤顶和油泵进行配套标定,得到千斤顶和油压表之间的对应回归方程。

技术人员利用外带笔记本电脑将梁号、孔道号、千斤顶编号、回归方程、设计张拉控制力值、钢绞线的理论伸长量等数据及预应力施工记录输入手持遥控器控制箱。

对预留孔道孔口进行清理，确保工作锚具、夹片能按照规范要求安装。预应力钢绞线在安装之前一定要采用扎丝进行编束，扎丝间距 1.5 m，确保钢绞线编束整齐，避免在孔道内缠绕。整束钢绞线的端部要进行包裹，避免在穿束过程中发生散头现象。

（2）张拉过程

连接好线路，锚具、千斤顶安装到位，测试正常后按照设计张拉顺序启动自动控制系统进行张拉。张拉作业时，操作人员利用手持遥控器控制箱上的选择键，确定当前所张拉的梁号和孔道号，油泵在手持遥控器控制箱控制下工作，给千斤顶缓慢供油，操作工人调节工作锚、限位板、千斤顶及工具锚的相对位置，等两端张拉设备全部安装调整到位。两端千斤顶到随意的一个很小的力值时，安装工作完成。两端张拉施工人员撤离，采用遥控器启动自动张拉程序，整个张拉过程由智能张拉设备自动操作完成。当张拉力达到控制张拉力时，油泵自动停止工作，并且对伸长量是否满足规范要求作出判断。按照设定的持荷时间持荷后，千斤顶自动回油收回张拉缸，取出工具夹片、锚具，该组预应力束张拉工作完成，便可移顶进行下一组预应力束张拉。

智能张拉过程中如果应力或伸长量出现异常，应立即停止张拉工作，检查设备运行是否正常，锚垫板、夹片、千斤顶等安装是否正常，管道是否进浆堵塞。根据智能张拉主机显示的数据规律和设备情况，查找原因，并及时进行处理。

（3）张拉数据输出

手持遥控器控制箱内置大容量储存器，可以保存多组张拉参数及张拉数据。通常，在当天完成张拉工作后，将手持遥控器控制箱中的数据输出至电脑端，直接生成预应力张拉原始数据报表，可供查看、打印。

3.预应力智能张拉的特点

（1）能够精确施加张拉力

智能张拉依靠计算机运算，应力读取速度快，能精确控制施工过程中所施加的预应力的值。

（2）能够及时校核伸长量，实现"张拉力和伸长量的双控"

系统传感器实时采集钢绞线伸长量数据，反馈到计算机，自动计算伸长量，比人工计算速度快，能够及时校核伸长量是否在±6%范围内，实现应力与伸长量同步"双控"。

（3）实现多顶对称两端同步张拉

自动控制系统通过计算机控制两台或多台千斤顶的张拉施工全过程，同时、同步对称张拉，实现了"多顶对称、两端同步张拉"。

（4）智能控制，规范张拉过程

智能张拉自动化控制系统自动采集、保存张拉数据，自动计算总伸长量，自动控制停顿点、加载速率、持荷时间等，能避免人工读数误差，以及人工操作不规范造成的数据误差。智能张拉自动化控制系统具有高精度和稳定性，完全排除人为因素的干扰，能有效确保预应力张拉施工质量。

（5）便于质量监督、管理

业主、监理、施工、检测单位在同一个互联网平台，实时进行交互，突破了地域的限制，能及时掌控预制梁场和桥梁预应力施工质量情况，实现"实时跟踪、智能控制、及时纠错"，有利于控制施工质量，保障桥梁结构安全。

（6）节约人力资源，降低管理成本

人工张拉要实现四顶两端对称张拉，最少需要 6 个人来完成操作，而且张拉时间较长。采用智能张拉，只需要 3 个人便可完成操作，大大节约了人力资源，提高了工作效率，降低了管理成本。

（二）智能压浆在桥梁施工中的应用

在桥梁工程施工过程中，预应力钢绞线主要通过水泥浆体与周边混凝土有效结合，实现锚固可靠性的提升，进而有效提升桥梁结构的抗裂性能与承载能力。在桥梁工程的施工过程中，若预应力管道压浆密实度不够，内部孔隙过大，则会对结构的耐久性造成非常大的影响，进而影响整个桥梁结构的使用寿命。管道压浆施工质量近年引起了人们的广泛关注和高度重视。

1.管道压浆质量判断

《公路桥涵施工技术规范》中规定：当压浆的充盈度达到孔道另一端饱满且排气孔排出与规定流动度相同的水泥浆时，关闭出浆口，稳压 3～5 min，孔道压浆完成。压浆后可通过检查孔检查压浆的密实情况，即在压浆初凝后从进浆孔或是排气孔用探测棒探测管道是否饱满，有无空洞；或者通过计算浆体压进孔道总量和孔道缝隙体积及喷浆体积的关系来确定密实度。

这些常规的判断方法误差较大，不能从根本上反映管道压浆的真实情况。随着人们对管道压浆质量的日益重视，如何控制压浆质量、如何判断管道压浆是否真正密实，成为亟待解决的问题。近年来，我国很多企业经过大量试验，研发了智能压浆控制系统，通过主机显示的进、出浆口压力差来判断管道是否充盈密实，以及测定压力差是否在一定的时间内保持恒定。该系统通过多个参数自动判断压浆饱满度，并能实时显示，便于及时进行质量管控，对提升管道压浆质量起到了积极的作用。

2.智能压浆设备

智能压浆设备主要由进浆口测控箱、出浆口测控箱及主控机三部分组成，实时监测压浆流量、压力和密度参数，同时通过控制模型计算，自动判断关闭出浆口阀门的时间，及时、准确地关闭出浆口阀门，自动完成保压、压浆。

智能压浆设备的工作原理：智能压浆系统主要通过压力进行冲孔，使得管道内部的杂质得以排尽，有效消除管道内部压浆不密实的情况。此外，在预应力管道的进浆口与出浆口，通过安装精密的传感器装置，实现水胶比、管道的压力、压浆流量等参数的实时监测，并将监测的数据及时发送至计算机主机，结合主机的分析与判断，对相应测控系统进行反馈，使得相应的参数值能得到及时调整，直至整个压浆过程顺利完成。

3.智能压浆施工工艺

（1）准备工作

压浆材料准备：《公路桥涵施工技术规范》中建议采用专用压浆料或专用压浆剂配置的浆液进行压浆。

设备准备：按照智能压浆设备结构连接好搅拌桶、压浆泵、进浆口测控箱、出浆口测控箱及主机。

管道冲洗：利用压浆设备直接进行预应力管道冲洗。

（2）智能压浆施工过程

管道压浆料水泥浆按照水胶比 0.26～0.28 分批进行拌制，一次拌和不大于 1 m³ 的水泥浆。首先计算好所需水量和压浆料，并用称量设备称量准确后，先在搅拌机中加入

80%～90%的拌和水，开动搅拌机，均匀加入全部压浆料，边加入边搅拌，待全部压浆料加入后，先快速搅拌 2 min，再慢速搅拌 1 min，然后加入剩余的 10%～20%拌和水，继续搅拌 1 min，水泥浆拌和完成。采用两次加水拌制水泥浆，能够使水泥颗粒表面形成较薄的水膜，减少水泥颗粒之间的包裹水，提高水泥浆的流动性。

水泥浆拌和好后，利用主机开启智能压浆系统，整个过程只需供应好足量的水泥浆便可自动完成孔道压浆，一个孔道压浆完成后，移至另外一个孔道，直至整个箱梁孔道全部完成压浆工作。

智能压浆设备在管道进、出浆口分别设置有精密传感器实时监测压力，并实时反馈给系统主机进行分析判断，测控系统根据主机指令进行压力的调整，保证预应力管道在施工技术规范要求的浆液质量、压力大小、稳压时间等重要指标的约束下完成所有孔道的压浆，确保压浆饱满和密实。

4.管道智能压浆的特点

（1）精确控制水胶比，确保管道压浆密实

采用智能压浆设备，能够控制水胶比为 0.26～0.28，杜绝了人为控制的随意性及人工误差，确保管道压浆密实。

（2）自动调节压力和流量，排除管道内空气

智能压浆可通过调整浆体压力和流量，将管道内空气通过出浆口和钢绞线丝间的空隙完全排出，达到管道密实的目的，并可带出孔道内残留杂质。

（3）实时监测压力、流量、密度，并进行调整

智能压浆通过精密传感器实时监测各项参数，并反馈给主机，再由主机作出判断并自动进行调节；及时补充管道压力损失，使出浆口满足规范最低压力值，保证沿途压力损失后管道内仍满足规范要求的最低压力值；及时调节浆液流量和密度，在稳压期间持续补充浆液进入孔道，待进、出浆口压力差保持稳定后，判定管道充盈。

（4）监测压浆过程，实现远程管理

压浆过程由计算机程序控制，压浆过程受人为因素的影响较低，可准确监测浆液温度、环境温度、注浆压力、稳压时间等各个指标，并且自动记录压浆数据，通过无线传输技术将数据实时反馈至相关部门，实现预应力管道压浆的远程管理。

（5）一键式全自动智能压浆，简单适用

系统将高速制浆机、储浆桶、进浆测控仪、返浆测控仪、压浆泵集成于一体，现场使用时只需将进浆管、返浆管与预应力管道对接，即可进行压浆施工。操作简单，方便施工。

（三）智能养生在桥梁施工中的应用

由于水化热作用，混凝土浇筑后需要适当的温度和湿度条件才能使强度不断提高。若养护不到位，混凝土水分蒸发过快，容易造成脱水现象，内部黏结力降低，或产生较大的收缩变形。所以，混凝土浇筑后初期阶段的养护非常重要。

1. 智能养护设备

水泥混凝土智能养护系统旨在一键实现全周期自动养护。智能养护系统由智能养护仪主机、无线测温测试终端、养护终端（包括喷淋管道和养护棚）组成。主要配件包括内置吸水泵，压力、温度、湿度变送模块，电磁阀，调速变频器，可编程逻辑控制器，配电系统，等等。

一台智能养护仪可供养护 6 片梁，其中喷淋管道采用的是 180°可调节双枝高雾喷头，喷淋效果好。

水泥混凝土智能养护系统采用先进的无线传感技术、变频控制技术，通过控制中心根据不同配合比混凝土放热速率、混凝土尺寸、周边环境温度及湿度自动进行养护施工，能排除人为因素干扰，提高养护效率与养护质量。

2. 智能养护施工

预制箱梁混凝土浇筑完成后，待混凝土终凝后采用土工布覆盖箱梁顶板，布置好养护管路以后，接通电源，连接外部水源，按下启动按钮，一键启动智能养护系统，自动完成全周期养护施工。

智能养护设备能根据梁体周边环境温度、湿度自动判别是否开启恒压喷淋，并控制喷淋持续时间，达到智能养护的目的，同时对养护全过程的技术信息进行记录与保存，绘制养护施工记录表格（喷淋时间、湿度、温度等）及相关的曲线（温度及湿度-时间曲线）。

3.智能养护的特点

（1）全周期监测温、湿度，适时喷淋以提高养护质量

智能养护系统全过程监测梁体周边环境的温度、湿度并自动控制喷淋管路完成养护，适时引导水化热释放，防止早期温度裂缝的出现，提高混凝土强度和耐久性。

（2）根据混凝土水化热量及水化过程热量释放率进行有针对性的养护

不同配合比的混凝土，其集料、水泥品牌、水泥用量等因素的不同对梁体的整体水化热量影响很大，同时养护周期内不同时间点的水化热量释放率是不同的，智能养护系统能据此进行有针对性的养护，以切实保证水化热量平稳释放。

（3）规范养护过程

智能养护系统根据相关施工技术规范及养护方案要求对水泥混凝土进行养护，降低人为因素的干扰，保存养护周期内温度、湿度、喷淋启动时刻、喷淋持续时间、喷淋水压等全过程技术参数，便于质量管理与质量追溯。

（4）一键完成养护，提高养护效率

智能养护系统可一键操作，进行全周期自动养护，操作方便，节省人力，极大地提高了养护效率。

（四）智能检测机械设备在桥梁施工中的应用

为了加强桥梁施工阶段的质量管理与控制，各种桥梁检测设备和技术不断被研发和应用，桥梁无损、智能检测成为检测设备发展的方向。本小节主要介绍混凝土钢筋保护层、结构尺寸检测、锚下预应力检测、交工验收检测等方面采用的检测设备和技术。

1.钢筋保护层检测仪

钢筋保护层检测仪用于对钢筋混凝土结构钢筋施工质量的检测，是一种无损检测设备，可根据已知钢筋直径检测钢筋保护层厚度和钢筋的位置。

钢筋保护层检测仪由保护层测定探头、钢筋保护层检测仪主机和信号电缆三部分组成，电源为可充电锂电池。钢筋保护层检测仪适用于钢筋直径$\phi 6\sim\phi 50$ mm、保护层在$6\sim190$ mm的钢筋施工质量测定，具有携带方便、检测速度快、自动记录和储存数据、可导出检测报表等优点。

采用钢筋保护层检测仪进行施工自检，能够及早地检测并发现施工问题，及时调整控制方法，确定改进措施，保证混凝土结构钢筋施工质量满足设计和规范要求。

2.手持激光红外线测距仪

手持激光红外线测距仪的测量距离一般在 200 m 内，精度在 2 mm 左右。手持激光红外线测距仪除能测量距离外，还能测量物体的体积。手持激光红外线测距仪具有方便实用、数据精确、效率高的特点。

3.智能反拉法预应力检测仪

随着人们对桥梁预应力施工质量的日益重视，如何确定张拉后的有效预应力成为人们关注的问题。智能反拉法预应力检测仪能够对桥梁锚下有效预应力进行检测，检测设备由智能张拉控制系统、张拉主机、穿心千斤顶、锚具夹片等组成。

智能反拉法预应力检测仪的原理是：根据弹模效应与最小应力跟踪原理，当千斤顶带动钢绞线与夹片延轴线移动 0.5 mm 时，即可测出有效预应力值。智能反拉系统通过位移传感器和应力传感器将数据传输至电脑软件系统，及时进行数据分析，并通过软件显示的相关信息监控曲线的斜率变化，当曲线出现拐点、斜率明显变化时，计算出的即为有效预应力值。由于反拉时夹片在随钢绞线轴线移动 0.5 mm 时仍牢牢咬住钢绞线，回油后，钢绞线会恢复原状，锚下有效预应力不会变化，因此可达到无损检测的效果。

在用智能反拉法进行锚下预应力检测时，由于是逐根钢绞线进行检测的，因此根据检测结果可以计算和判断单根、整束、同断面的锚下有效预应力值偏差是否满足控制要求，同断面、同束不均匀度是否满足控制要求。并且检测结果可作为对预应力钢绞线梳束、编束、穿束、调束工艺控制和张拉工艺控制的评价依据。

4.桁架式桥梁检测车

桁架式桥梁检测车由汽车底盘和工作臂组成。液压系统将工作臂弯曲深入到桥梁底部，在桥梁底部形成独立工作平台，使检测人员能安全、快速、高效地从桥面到达桥下或从桥下返回桥面。桁架式桥梁检测车可以随时移动位置，方便进行流动检测或对缺陷进行维修处理。桁架式桥梁检测车具有操作简单、稳定性好、承载能力大、工作机动灵活、作业效率高且不用中断交通的特点，是进行桥梁流动作业和流动检测的良好辅助设备。

四、桥梁机械化与智能化施工管理与控制

桥梁机械化、智能化施工的基本目的是引进新型机械设备，优质、高效、安全、低耗地完成工程施工内容，提升施工管理成效。新型自动化、智能化机械设备的使用，需要一套完善的管理体系、规章制度和管理办法与之适应。

（一）建立施工管理组织机构

建立机械化、智能化施工管理组织机构，对桥梁施工拟采用的机械设备进行选型、配套设计和施工组织管理，建立岗位责任制，加强人员培训与学习，加强机械设备维修与保养，管理好新型的机械设备，提高桥梁施工管理成效。

（二）桥梁施工机械设备选型与配套设计

要实现机械化施工控制，首先，要确定机械的选型，即根据施工内容、工程量大小、工期要求，合理选择施工机械。施工机械要具有适应性、先进性、经济性、安全性、通用性和专用性的特点。其次，确定机械的合理组合，即技术性能组合和类型数量组合。

1.选型及配套设计的准备工作

摒弃守旧的观念，提高思想认识和管理理念，适应新时代社会、市场、施工生产发展的要求，不断学习和更新理论知识，学习先进施工生产管理经验。了解工程类型、工程量大小、工期要求、地质条件等因素。熟悉桥梁施工的各种机械设备类型、技术性能、使用功能、使用条件、机械台班费用、采购或租赁成本等，为合理选择机械设备做好准备。

2.选型和配套设计的原则

桥梁施工机械设备的选型要充分考虑各种因素，一般要考虑经济指标、技术性能、社会关系、人机关系以及配套性。通过对机械设备进行综合比较，最终确定最佳的选型方案。本项目根据项目特点、工程施工条件、地质条件、结构形式等客观条件，选择型号和性能满足要求、操作简单、维修方便的机械设备，并有机组合，最大限度发挥机械的作用，提高桥梁施工管理成效。

在工程主导机械按照上面的原则进行选型和配置的同时，配套机械的好坏也很关键，直接影响施工的正常进行。所以，配套机械的技术规格也应满足工程的技术标准要求，必须具有良好的工作性能和足够的可靠性。应尽量采用同厂家或同品牌的配套机械，以保证最佳匹配度，并便于维修保养。对于配套的所有机械，必须定时、定期检修，不能因为一台机器的故障而使整个施工生产停滞。

3.机械设备购买与租赁

对于使用广泛、操作简单、经济寿命长、重复利用价值高、安全容易保障、经济性好、回收成本快、对工程质量起着主导作用的机械设备，应当购买。对于一个企业来说，自有设备的数量和规模也是企业实力的体现，在投标评估时占有一定优势。

对使用周期短、价格昂贵、专业性强、无再利用价值、经济性差的机械设备，可利用社会资源，采取租赁方式。在租赁机械设备时，首先，要对设备的完好性、工作性能进行检查测试；其次，要结合市场调查研究情况，选取价格合理、性能良好的机械设备。特种设备租赁时，要选择经过地方技术部门鉴定，操作人员持有合法、有效的操作证件，并且证件在项目使用周期内处于鉴定有效期内的设备。

4.机械化施工组织设计

施工方案的完成必须以配套的机械设备为基础，机械设备在型号、功率、容积、长度等方面要达到施工方案的要求，否则就会影响工程进度和工程质量，甚至损耗机械设备。目前，工程项目在招投标阶段就对施工单位应配备的主要机械设备提出了相应的要求，作为合同履约的一个方面。施工企业在工程开工前要完成实施性施工组织设计，其中就包括机械化施工组织设计。

机械化施工组织设计要根据施工内容及总体工期要求，制订机械设备配套计划，做好各时间段、各施工规划期所需机械设备的类型及数量统计；根据施工计划制订机械设备进、退场和调配计划；制订机械设备的维修保养计划、操作规程及施工保证措施；等等。具体的机械化施工组织要在施工过程中不断地调整和完善，以适应现场实际需要。

（三）桥梁机械化、智能化施工中"四大员"的管理

机械设备，是项目管理三要素"人、材、机"之一，机械设备的管理又离不开人的

管理和材料的管理,其中人的管理又是最为复杂和最为重要的。本小节针对桥梁机械化施工管理中人的管理进行分析和总结。

在施工生产中与机械设备密切相关的人员和岗位有设备管理员、调度员、操作员和维修员。这"四大员"影响着桥梁施工设备从购买或租赁、调配、使用,到维修保养的全过程。

机械设备能否适应现场需要、是否与施工生产相配套、是否能发挥最大工效,与"四大员"有着密切的关系。管理机械设备主要就是对"四大员"进行管理。

1.设备管理员

项目的设备管理员在项目设备的采购、租赁及日常管理中起着至关重要的作用。设备管理员必须了解市场和机械设备功能以及发展趋势,建立可供选择的设备供应网络和渠道;根据总体机械设备施工组织计划、市场情况、工程量大小、使用周期制订设备购买或租赁计划;按照机械设备管理办法完成机械设备的申报、审批流程,组织机械设备招标;负责组织、指导新进设备的接运、安装、调试和验收;指导、监督、检查机械设备使用和维修保养情况,建立机械设备管理台账;随时掌握设备使用情况,及时进行补充、退场、维修保养等。

设备管理员必须选择品德良好、工作责任心强、对设备熟悉和了解、市场能力强的工作人员。设备管理员接受物资设备保障部直管、生产副经理考核、全员监督。

2.操作员

操作员要熟知设备性能和安全操作规程,操作好、管理好、养修好机械设备,具备正确使用、良好养修、定期检查机械,以及及时排除故障的能力。操作员有权制止他人私自动用自己操作的设备;对未采取防范措施、未经主管部门审批、超负荷使用的设备,有权停止使用;对运转不正常、超期不检修、安全装置不符合规定的设备,有权停止使用。

操作员必须经过培训,达到合格标准方可上岗。施工企业要对其建立管理档案,记录其是否遵守机械设备操作规程、操作技能是否满足工作要求;建立等级评定和奖惩机制,对技术过硬、工作责任心强的操作员进行奖励,充分激发操作员的积极性和责任心,让操作员能坚守工作岗位,兢兢业业工作。

3.调度员

调度员在桥梁施工生产中主要负责协调安排机械使用地点、部位、顺序，对机械设备的使用进行掌控。调度员必须熟悉各种机械设备的类型、数量及配套组合，掌握设备的性能、用途、生产率等，这样才能对机械设备进行有效管理，发挥机械施工的最大作用，使机械设备更好地为施工生产服务。

调度员除了配合生产副经理对现场机械设备进行调度安排外，还要做好机械设备使用台账登记，掌握机械使用率、完好率、维修保养周期等，提供机械设备使用和评定的依据。

调度员是桥梁机械化施工正常有序作业的关键岗位，必须选用能吃苦、熟悉现场施工生产、工作经验丰富、责任心强的工作人员。调度员按照部门领导的薪酬待遇发放工资，受生产副经理直管。

4.维修员

机械设备维修员需掌握各种设备构造，能在平常巡查中发现设备问题，能排除故障，及时对设备管理员或操作员告知的设备问题进行检查、维修。对机械设备定期进行保养，定时进行巡查，对无法排除和解决的故障及时进行报告，不耽误、不拖延。

维修员必须是有维修技术的专业人员，受物资设备部设备管理员直管。调度员、操作员参与对维修员的考核，根据考核制度对维修员的专业素养以及工作业绩作出评定。

（四）重视和加强机械设备的维修与保养

机械在使用过程中不可避免地会存在磨损、故障等，要想提高机械运转效率，就必须经常维修和保养。通过维修保养，可使机械维持良好的状态，提高机械使用的经济效益，降低施工成本，保障安全，延长机械使用寿命。为确保桥梁施工机械化顺利开展，机械设备的维修保养分为机械故障预防、日常简易维修保养和定期进行检修。

1.机械故障预防

要做好机械设备故障预防，正确地分析各种故障原因，采取有效的、针对性强的防范措施，尽量减慢机械零部件的损伤速度，有效防止机械故障。

机械作业产生大量的热，所以在夏天应考虑机械的散热和降温，如补加机油、常换冷却水、间隔施工、机械交替作业等，这些都会影响施工组织计划，必须在开工前对机械可能遇到的发热、危险情况做充分的准备。冬季气温降低，必须做好防冻措施，比如冬季加防冻液、夜间放掉冷却水、将油箱包裹起来，同时也要做好施工运转时的保温措施，如支撑遮风棚、热水加温等。

混凝土搅拌设备要经常检查维护，避免在混凝土浇筑过程中出现故障，中断现场施工，造成严重后果。搅拌站需配备功率足够的发电机，以备停电或用电线路故障时使用。

2.日常简易维修保养

设备维修员要严格开展日常巡查、检查工作，对遇到的问题要及时进行处理，并做好日常维修保养记录。机械设备日常简易维修保养主要是在工程现场的保养与维修，除了对作业中可预料的故障进行处理外，还包括定期检查认为必须进行部分分解、修配或部件更换，可用简易设备来实施的保养与维修。

机械设备日常维修保养要准备和及时提供必需的零部件，根据工程施工计划和作业时间安排，进行零部件更换，再将更换下来的零部件送至工厂进行专业维修，这样可以缩短维修时间，不影响工地现场正常施工。

混凝土搅拌设备拌完料后，要及时清洗干净；混凝土运输车等待时间决不能超过混凝土初凝时间，否则会造成堵罐；三辊轴振动整平机在使用完成后必须清理干净滚轴表面的水泥浆，避免遗留混凝土残渣造成下次使用困难，影响整平质量。

3.定期进行检修

桥梁机械化施工使机械设备作业时间增加，高强度、高效率的施工造成了机械设备的超负荷运转，导致机械设备维修保养不及时，最终影响现场施工。因此，在机械设备管理中要做好设备的维护及保养，必须严格按照各种机械设备规定的保养周期进行保养，不能因为施工周期短、工期紧就忽略甚至超期才进行设备维修保养，加剧设备的有形磨损，降低机械设备的使用寿命。

相关人员要对照工程计划先制订维修计划，再根据维修计划进行维修。对于新型专业的钢筋加工设备等，除了日常的维护外，若发现不良运转，应立即联系设备厂家技术人员及维护人员到现场进行维修。另外，在购买设备时，通常都会带有一定的必需配件，尤其是易磨损的消耗件，一定要保存好，方便更换。

（五）健全桥梁机械化施工规章制度

桥梁机械化施工，对机械设备的管理提出了更高的要求。只有健全规章制度，做到有章可依，才能进行有效的管理，充分发挥设备效能，提高设备的利用率和完好率，进而保证高质、高效、安全地进行施工生产。

1.建立机械设备台账和技术档案

按时收集设备运转日志和司机手册，及时掌握设备动态，技术状况，使用、维修和安全状况。新购设备要收集机械设备的产品合格证、购货发票、新购设备验收记录单、机动车保修单、设备外形照片、设备使用说明书及相关技术图纸资料等。

2.创建合理的设备使用条件

建立一定面积的机库、机棚、停车场、维修保养间、配件库及油料供管库站。做到设备临时停放有场地、长期停放有库棚、维修有车间。机械设备停放场地要平实，便于出入。建立值班制度，对机械设备进行看护和管理。

3.加强机械化施工的技术培训

针对新设备的操作规程组织岗前培训，并在作业区张贴、悬挂机械作业操作规程牌，使操作人员熟练掌握操作方法，了解设备工作原理。

4.建立机械化施工管理责任制

按照工程施工内容划分施工单元和作业工班，项目部管理人员实行施工单元和作业工班管理承包责任制，对作业工班施工范围的施工管理负责，根据现场需要，上报机械施工需求计划至调度室，调度室结合所有工作面分配机械设备。现场施工人员和工班长对施工质量、进度、安全分区进行管理。

5.建立灵活机动的设备调整机制

根据不同施工阶段对机械设备类型和数量的不同需要，及时调整机械设备供应。及时清退不能适应现场需要、完好率差、生产率低、油耗高的设备，若发现设备数量不能满足施工进度要求，导致施工生产缓慢或停滞，则应及时补充设备。

6.建立单机核算和工班核算制度

以往项目采取由项目部承担机械费用、材料费用，作业工班仅承担劳务费的承包模式，导致施工企业利润率几乎为零，甚至出现亏损。机械设备单机核算和工班核算制度能够有效解决这一问题。单机核算主要对设备的利用率、完好率和经济性进行核算；工班核算根据工班所承担的工程量进行机械费用包干，超支部分由工班自行承担。采用单机核算和工班核算制度后，机械管理难度降低，机械设备的使用效率提高，施工成本降低。

加强机械设备核算，不仅是项目成本控制的需要，更是顺利进行施工生产和现场组织安排的需要。施工企业应组织专人对机械设备进行统计核算，及时处理闲置设备或补充新设备，确保施工生产正常、有序开展。

（六）桥梁机械化施工安全措施

桥梁施工中安全风险主要存在于高空作业、起重吊装、支架施工、机械设备使用、临时用电等环节。针对可能存在的安全风险，施工企业应建立健全安全管理体系，设安全部进行专职管理，并制定相应的预防和应急措施。

1.起重吊装设备的安全措施

施工中采用的起重吊装设备主要有龙门吊、汽车吊、架桥机等。

参加起重吊装的作业人员包括司机、信号指挥人员等，均属特种作业人员，必须经过专业培训，持合格证上岗。

架桥机、龙门吊的安装由具有资质的专业人员按照安装方案进行，安装完成后必须检查各种限制器、限位器等安全保护装置是否完好、齐全和灵敏可靠。安装后的设备经当地质量监督部门验收合格后，方可使用。使用前要进行试吊，试吊正常后，才能正式进行吊装作业。

架梁作业时，桥头两端要设警戒人员，严格执行"安全操作规程"，指挥人员要与操作人员密切配合，执行规定的指挥信号。操作人员要按照指挥信号进行操作，若遇指挥信号错误或不清楚时，可拒绝作业。

汽车吊作业前要确保施工场地平整密实，并支垫平稳，然后方可作业。汽车吊需要人工配合采用钢丝绳悬挂重物，起吊前要确保悬挂牢固，准备起吊前要鸣笛，提醒工作人员移动至吊车作业范围以外的安全位置。汽车吊提升和下降要平稳、均匀。

起重吊装设备使用的钢丝绳必须是正规厂家制造的有质量证明文件和技术性能的

钢丝绳。并要进行试验,合格后才能使用。作业前必须检查钢丝绳是否完好,不得使用扭结、变形及断丝根数超过三根的钢丝绳进行吊装作业。

2.高空作业的安全措施

对从事高空作业的人员,要坚持开展经常性安全宣传教育和安全技术培训,使其认识高处坠落事故的规律和危害,牢固树立安全思想,具有预防、控制事故的能力,并严格执行相关安全规程。

高空作业必须搭设安全检查梯、脚手架,方便作业人员安全上下。通常采用支架搭设成"Z"字形检查梯,脚踏板要安全、牢固、防滑,方便行走。施工作业搭设的扶梯、工作台、脚手架、护身栏、安全网等,必须牢固可靠,并经验收合格后方可使用。高空作业要关注天气预报并做好预防工作,遇六级强风或大雨、雪、雾天气不得进行露天高空作业。

高空作业人员要配备安全帽、安全带和有关劳动保护用品;严禁穿高跟鞋、拖鞋或赤脚作业;悬空高处作业要穿软底防滑鞋;严禁攀爬脚手架或乘运料架和吊篮上下。在没有可靠的防护设施时,高处作业必须系安全带,安全带的质量必须达到使用安全要求,并要做到高挂低用。

桥梁上部施工前,距边缘 1.2～1.5 m 处应设置护栏或架设护网,且不低于 1.2 m,并要稳固可靠。

另外,安排专职安全员进行安全巡查,若发现安全隐患,要及时进行排除,确保满足安全要求,防止高处坠落事故的发生。

3.支架搭设与拆除的安全措施

支架搭设的控制重点是跨线桥现浇连续箱梁的支架搭设。为确保支架稳定性,首先要对地基进行处理,确保承载力、稳定性要满足要求。连续箱梁满堂支架采用力学性能好、拆装速度快的 WDJ 碗扣式脚手架进行搭设。根据箱梁底和地面的净空间选配立杆,上端安装可调 U 型顶托,调节细微高度。按支架搭设规范设置剪刀撑、扫地杆等。

支架搭设前,根据现场地形情况确定支架高度,根据桥型断面,绘制支架搭设施工图,并进行验算。

支架搭设前要对杆件进行检查,查看选用的 WDJ 碗扣式脚手架规格是否是 φ48×

3.5 mm，是否有合格证及质量检验报告；检查杆件表面有无砂眼、裂缝、严重生锈；检查碗口与限位销是否完整；检查接头弧面与立杆是否密贴；检查碗口是否能被限位销卡紧。不合格的杆件严禁使用。

脚手架搭设人员必须是经过考核合格的专业施工人员，上岗人员应定期体检，合格者方可持证上岗。搭设支架时，必须穿戴安全防护用品，严格按照施工图进行搭设。

支架搭设过程中，安排专人对碗扣搭设质量进行逐个检查、复核。支架搭设完成后要进行自检、监理抽检、安全专项检查，均符合要求后，进行总荷载重量120%等级的支架预压试验，试验合格后方能进行后续施工。施工过程中安排专人随时检查支架情况，观测支架地基变化情况，发现异常立即采取措施进行处理。

支架要经技术部门和安全员检查同意后方可拆除，拆除时要设置围栏和警示标志，并派专人看守，严禁非操作人员入内。支架要按自上而下、逐步下降的原则拆除；严禁将架杆、扣件、模板等向下抛掷。

4.机械设备故障的安全措施

在施工生产中因为机械设备故障引起的安全事故也是非常多的，所以在桥梁机械化施工中要及时掌握设备状况的动态变化，及早发现故障或隐患，并进行预防和维修，防止机械设备故障的发生。

安排具有专业知识和辨识能力的设备维修员对机械设备进行检查、巡查。认真记录机械设备运转情况，建立设备运转档案，及时掌握设备情况。定期对机械设备进行维修和保养，及时对受损的零部件进行更换，严禁机械设备"带病"作业，杜绝机械设备故障发生。对机械设备的操作、维护管理等建立管理责任制、监督机制及奖惩机制，制定奖惩办法并严格执行，降低人为因素造成的故障。

5.临时用电的安全措施

施工现场变压器必须报当地供电部门进行审批并安装。

输电线路采用三相五线制，配电箱按照"三级配电二级保护"的要求设置，总配电箱、分配电箱、开关箱安装在适当位置，并安装漏电保护器。配电箱和开关箱内设置隔离开关。

施工现场严格执行"一机一闸一漏"的规定，并采用"TN-S"供电系统，严格将工作零线（N）和保护地线（PE）分开，并定期对总接地电阻进行测试，保证在 4 欧姆以下。严禁用同一个开关箱直接控制两台及两台以上用电设备。整定各级漏电保护器的动作电流，使其合理配合，不越级跳闸，实现分级保护，每十天对所有的漏电保护器进行全数检查，保证动作可靠性。

施工现场用电必须由经过专业培训并取得电工证的人员专门进行管理，严禁私拉乱接。临时用电设备及线路的安装、巡检、维修或拆除都必须由电工进行。施工现场必须采用符合安全用电要求的配电箱，门锁完好，并由电工进行统一管理。架设线路必须采用专用电杆，架设高度符合安全要求，并采用绝缘线固定牢固。施工中机械设备与架空电缆线之间的安全距离要符合要求。

6.制定安全应急预案

项目部成立安全应急领导小组，由项目经理担任小组组长，项目书记、安全总监、技术负责人、现场副经理担任副组长，安全部、协调部、施工技术部、设备管理部、财务部部长担任组员，对本项目桥梁施工的危险源进行辨识，并制定预防措施及应急救援方案。各施工作业工点均成立应急救援小组，由现场负责人任组长，专职安全管理人员为副组长，小组成员包括具有丰富施工及抢险经验的负责人员及具有两项以上特种操作技能的工人。

事故发生后，应急救援小组负责事故现场的处置，根据事故发生的实际情况，分析事故原因，及时制订处理方案，采用加固、抢修或排除事故隐患等措施，有效遏制事故的蔓延，将事故的损失降到最小，同时避免事故范围的扩大和事故的再次发生。

在桥梁施工中，项目部要组织施工人员针对基坑坍塌、高空坠落、物体打击、机械伤害等多发事故进行应急演练，深刻认识安全事故的伤害、应急救援的重要性，树立预防为主的思想，减少、杜绝事故发生。

第五章 市政隧道工程

第一节 城市隧道工程地下防水施工

在整个城市建设中，隧道建设是一项重要内容，并在整个城市化建设中占据重要位置。城市地下隧道建设，能够在很大程度上缓解交通压力。然而，在城市隧道建设过程中，存在着诸多影响各种施工技术应用的因素。

防水技术是城市地下隧道建设过程中一项十分重要的技术，它会对工程的施工、运营状况、使用寿命等造成影响，同时也与广大人民的生产、生活有着密切的联系。国民经济可持续发展战略对环境保护尤其是水资源的保护有着十分高的要求，同时我国已经制定了关于防水工程技术应用的规范和标准。在我国的城市地下隧道工程建设过程中，防水工程可以分为构造防水和材料防水两种。在应用地下工程防水技术时应坚持因地制宜的原则，合理地进行施工和治理。

一、城市隧道工程地下防水的重要性

在现代经济高速发展的背景下，我国的经济朝着又好又快的方向发展，人民的生活质量也在不断地提升，但交通拥堵的状况却日益加重。为了缓解城市交通拥堵的状况，保证城市车辆安全有序地运行，现代化城市地下隧道工程应运而生。在城市地下隧道施工过程中，很多因素影响着施工技术的应用，如地下渗水等。在城市隧道地下施工技术应用艰难的情况下，要想建设一个能够满足广大人民和城市建设需求的良好的地下交通运输环境，就应该重点关注城市地下隧道施工技术应用过程中防水技术的应用，并对防水技术进行研究和分析，从而使施工防水技术能够更好地应用于城市地下隧道的建设当中，进而提升地下隧道的安全性，确保城市地下隧道的稳定性，延长地下隧道的使用寿命。因此，要想提升城市地下隧道施工技术的施工效果和施工质量，就应该在施工技术的处理过程中加强对防水技术的应用。

二、城市隧道工程地下渗水原因

（一）地下隧道工程施工缝隙处理不当

在城市隧道建设过程中运用施工技术时，如果没有恰当地处理地下隧道的施工缝隙，就会造成后期施工区域出现渗水，这种状况的出现不仅会影响城市地下隧道的正常运行，还会影响车辆的行驶。因此，在运用城市地下隧道施工技术时，应该高度重视施工过程中施工缝隙渗水现象，并对此进行研究分析。一般来说，造成施工缝隙渗水的原因是在施工技术的处理过程中，原有混凝土结构和新材料混凝土的粘接性存在差异，从而导致施工技术应用前混凝土不能及时粘接，使施工缝隙的处理没能达到地下隧道施工防水技术应用标准。

（二）混凝土自身存在缺陷

在隧道的施工过程中，常用的技术就是混凝土施工技术，这种技术的重点在于对混凝土的比例进行分析。地下隧道的施工对于混凝土的配比相当重视，如果比例不当，就会造成混凝土的应用效果下降，这就对施工造成了不利影响，加大了隧道工程防水处理的工作量。由此可见，在施工过程中应该正确地分析混凝土的配比。

三、城市隧道工程地下防水施工技术应用

（一）支护灌浆技术

城市地下隧道施工过程中，防水技术是一项非常重要的技术，目前常用的是支护灌浆技术。该项技术在实际应用的过程中，提升了整体的施工效果，是一项安全性能很高

的防水技术。在实际操作过程中，需要将管桩支护及灌浆技术相融合，避免施工区域内出现安全问题。在施工过程中，工作人员既要在场地内运用管桩支撑防护体系，构建一个安全的施工环境，又要进行一定的防水工作，根据现场的施工环境搭建网状管桩结构。在管桩支护体系五米内选定注浆管，同时对网状格局进行全面的分析，然后进行喷浆填埋，将选定好的注浆管安装在管桩支护体系周边，确保能够阻断地下水与施工场地的联系，达到防水的目的。

（二）排水施工技术

单纯的施工支护灌浆技术只能将施工区域内的防水工作处理好，要想将整体的防水工作处理完善，还应该对施工区域内的地下水进行人为牵引疏导，即在施工技术的处理应用过程中，为了保障整体的施工效果，需要在施工区域内的隧道周边设置专门的排水沟，借助排水沟，及时将地下隧道施工区域内的防水工作处理好。在整个排水法施工技术的应用过程中，采用的是水管盲沟排除法，即将一定规格的水管安装在施工墙体的周边，借助水管的传输导水功能，将隧道空间内的水流进行牵引，以减少地下水渗漏现象的发生。

（三）防水材料的应用

随着现代科技的发展，越来越多的先进的防水材料被应用于实际建设工作当中，防水材料的全面应用发挥出了地下防水处理工作的效果。在城市隧道工程建设工作中，防水技术是最关键、最核心的因素，而防水材料的出现和应用，对于防水工程来说具有重要意义。在进行防水工作过程中，要准确分析每一个工程环节和运行系统，确保在每一个工作步骤中都能将防水材料的优势完全地发挥出来。首先，做好前期的准备工作，选取适合的防水材料并运送到施工现场，然后对选用的防水材料进行质量检查，测试其防水性能。其次，在完成地基的施工找平工作后进行防水卷材的施工，只有将防水材料的找平工作完成后才能进行下一步的施工工作。最后，计算出正确的混凝土混合比例，使混凝土具有良好的加固效果。

城市地下隧道建设是加快城市化进程的关键因素，同时对于现代化城市的建设与发展来说也是至关重要的。为了保证建成的城市地下隧道的质量，相关人员应该重点关注隧道的渗水问题。城市隧道工程的施工人员应该在工程施工过程中，妥善处理施工技术应用中的防水施工技术，有效地运用支护灌浆技术、排水施工技术，以及科学合理地应用防水材料，从而确保施工技术的应用效果。

第二节　城市隧道工程盾构施工

一、盾构穿越地连墙玻璃纤维筋

玻璃纤维筋是由高性能纤维与合成树脂基体、固化剂，采用适当的成型工艺所形成的纤维增强复合材料，其在性能上与普通钢筋相似，与混凝土具有良好的粘接性，且和混凝土有相同的收缩系数，同时又具有很高的抗拉强度和较低的抗剪强度。

目前，随着城市地铁的不断发展，城市地铁线网不断扩大，这就使得部分地铁隧道区间可能与城市部分明暗挖隧道线路产生冲突，因此地铁盾构区间需要下穿既有地连墙结构。还有一种情况，即在盾构进出洞时，也需下穿地下连续墙结构。按照传统施工工艺，在盾构下穿前，需要采用人工方式对下穿范围地连墙结构进行破除，该工作作业时间长，安全风险系数高，而对于盾构下穿既有线路结构地连墙，人工破除更是不可能实现的，因此玻璃纤维筋的应用，有效地解决了这一问题。但是玻璃纤维筋与钢筋最大的区别为玻璃纤维筋的弹性模量小，是典型的脆性材料，应力-应变曲线在断裂前表现出明显的线性关系，极大地影响了玻璃纤维筋笼起吊时的稳定性和基坑开挖阶段玻璃纤维筋连续墙的抗弯、抗剪承载能力，因此在钢筋笼制作及吊运过程中，存在一定风险，这就要求必须制订切实可行的专项方案以保证施工的安全。

二、盾构上浮处理

盾构在复合黏土层施工时，易出现上浮现象。随着上浮的不断加剧，管片破损、浆液渗漏、地面沉降等一系列质量问题也随之出现，因此为确保隧道成型质量，需将盾构机姿态控制在规定范围内。经过分析，盾构上浮的原因可能是管片超前量不足、推理设置不当等，为此可采用以下措施：

（1）通过管片错点位拼装，或在管片侧面采用石棉垫片，增大管片上部超前量，为盾构机下行提供浮动空间，同时对管片圆度进行调整，过程中增设止水条，防止管片渗水。

（2）在盾构穿越隧道投影区域采取钢板和铁块堆载措施。钢板厚为 10 cm，铁块压重厚度约 40 cm。

（3）调整盾构机顶推油缸的分区压力，如压力差无法满足盾构机转向要求，可采用调整油缸油路的方式，在不影响盾构机左右姿态的前提下，将两侧千斤顶的油路部分并入上部油缸分区，从而加大上部油缸分区的推力。但在此过程中，由于各油缸分区压力差过大，易对管片造成不利影响。

（4）为增加盾构自身重量，将配重放置在盾构机下部，提高盾构自重，克服浮力。

在实施过程中，可根据盾构姿态上浮的程度，单独或组合采用以上措施，以达到防止盾构上浮的目的。

三、盾构法联络通道施工

由于地铁联络通道施工是在"洞中打洞"，作业面小，不便使用大型工具设备，所以目前国内地铁联络通道施工多采用冷冻法加矿山法。该方法施工造价较高、工期较长、风险较高。过程中由于冷冻失效、超挖、地下水侵蚀等一系列不利因素，极易造成地下水喷涌、开挖面坍塌、地面沉陷等风险。

对比施工优缺点，宁波地铁 3 号线鄞南区间联络通道借鉴盾构法的可实施性，首次提出了盾构法施工联络通道，并取得了成功。盾构法联络通道施工是将施工设备运输至已完成的隧道内，并将其快速支撑在主隧道结构上，向隧道墙壁侧面开挖联络通道，直至贯通至对面平行隧道。联络通道掘进机开挖过程中，使用具有密封垫片的钢管片及混凝土管片进行一次性支护成型，无需后续防水或二衬措施。联络通道贯通后，施工人员可以通过主隧道收回掘进机，继续修建下一个联络通道。联络通道盾构法施工技术作为一种革命性技术，具有安全、优质、高效、环保等技术优势。

四、地面出入式盾构法

传统盾构始发接收皆需要盾构工作井，这就需要在盾构施工之前，在地面进行大规模的地下深基坑作业。这不仅需要考虑深基坑作业自身的安全风险，还要考虑建筑物拆迁、地面交通疏解、地下管线迁改，更不可避免地会对周边环境产生不利影响。为有效解决上述问题，可采用出入式盾构法进行隧道施工。

出入式盾构法是指盾构从地表始发，在浅覆土条件下掘进，最后在目标地点从地表到达。这种方法用盾构掘进代替暗埋段明挖，可以缩小地面开挖面积，减少拆迁量。以浅埋导坑代替深大工作井，可以减少施工风险和土方开挖量，缩短建设工期。但同时在无覆土和超浅覆土下进行盾构隧道建设，也面临了很多技术难题，如结构变形、隧道上浮、接缝渗漏、轴线偏离等，为此可通过以下技术加以改进：

（1）设置管片稳定装置，其作用可在盾构推进过程中支撑和稳定管片，使管片保持性状，有效防止管片错台。

（2）为提高管片在浅覆土施工过程中的抗剪及接缝防水性能，可在每环管片增设 4 只纵向螺栓，并可改良橡胶密封垫截面形式，合理控制错动及张开量指标，提高管片防渗水能力。

（3）增设土层压力传感器，准确反映土舱压力变化，为盾构掘进提供更多有效的技术参数，同时利用参数提高土压波动检测能力，设计新算法，较好地控制出土量、刀盘转速和推进速度，精确控制开挖面土压平衡。

总体来说，城市轨道交通建设能够缓解地面交通压力，减少城市道路拥堵，满足人们的出行要求，且城市轨道交通的客流量较大，运行速度快，有效地实现了城市交通升级。盾构施工技术具有灵活性、安全性和高效率性等技术优势，不仅提高了工程效率，还缩短了施工时间，节约了工程成本，整体经济效益极为突出。充分把握盾构施工技术的关键点，能够进一步满足城市轨道交通隧道施工要求。

第三节　城市隧道施工安全风险管理

随着城市隧道施工活动的不断深入开展，工程施工安全风险也不断发展变化，有些风险在工程施工初期因采取了有效的控制措施而得到了规避，有些只有到施工甚至运营阶段才会出现，甚至恶化。因此，必须在工程施工的全过程中实施风险管理，对各类施工安全风险尽早进行辨识、分析与控制，对各阶段施工安全风险实施跟踪记录和管理。每个阶段完成后必须形成风险评估报告或风险管理记录文件，以记录风险管理对象、内容、方法及控制措施，并作为下阶段风险管理的基本依据。

一、风险界定

城市隧道施工安全风险管理应界定风险管理对象与目标，划分工程施工安全风险评估单元，制定本工程施工安全风险等级标准。

工程施工安全风险管理的总体目标是通过对工程施工安全风险实施管理，保障工程建设安全，降低工程施工安全风险损失，使建设各方的总体目标基本一致。但由于工程建设各方分工有差异，承担的责任和目标也存在一些差异，因此工程建设各方应发挥积极作用，共同参与工程施工安全风险管理。工程建设风险管理目标的制定应遵循以下基本原则：

（1）应与工程建设总体目标、项目特点及经济技术水平相匹配。

（2）应充分发挥工程建设各方的技术优势，调动其积极性。

（3）风险管理责任分担应坚持责、权、利协调一致，权责明确。

根据城市隧道不同的实施内容，应遵循"分类型、分阶段、分目标"的基本原则来划分风险评估单元。城市隧道施工安全风险管理划分评估单元的基本原则包括：

（1）分类型原则。在进行工程施工安全风险管理时，应结合隧道的水文地质条件、结构类型、施工技术、环境条件及建设各方的特点，分类确定施工安全风险管理目标及控制措施。

（2）分阶段原则。随着工程分阶段施工，施工安全风险类型也将动态变化，同时相应各项施工安全风险的发生概率、损失以及对整个工程施工安全风险的影响也在不断变化，从而决定城市隧道施工安全风险管理是一个分阶段的实施工程。

（3）分目标原则。城市隧道建设工程中参与对象众多（包括建设单位、勘察单位、咨询单位、设计单位、施工单位、监理单位和第三方监测单位等），不同参建单位的风险管理对象、实施方案以及风险可接受水平各不相同，在保障城市隧道建设安全、经济、可靠、适用的基本原则下，工程建设各方应考虑各自的需求及能力，制定相应的施工安全风险管理目标。

工程施工安全风险等级标准应按照风险发生的可能性及损失进行划分。城市隧道施工安全风险表示为工程建设过程中潜在的人员伤亡、环境破坏、经济损失、工期延误和社会影响等不利事件发生的概率与潜在损失的集合。

二、风险辨识

风险辨识是工程施工安全风险管理的基础和前提，全面、系统地辨识各类风险对完成风险管理至关重要。由于城市隧道建设中建设条件复杂，涉及人员众多，专业要求高，因此应注重收集基础资料。只有对工程各类资料进行系统分析，才能更好地辨识工程潜在的风险。进行城市隧道施工安全风险辨识前，应掌握下列基础资料：

（1）工程周边水文地质、工程地质、自然环境及人文、社会区域环境等资料。

（2）已建线路的相关工程施工安全风险或事故资料。类似工程施工安全风险资料。

（3）工程规划、可行性分析、设计、施工与采购方案等相关资料。

（4）工程周边建（构）筑物等相关资料。

（5）工程邻近既有轨道交通及其他隧道等资料。

（6）可能存在业务联系或影响的相关部门与第三方等信息。

（7）其他相关资料。

风险辨识可包括风险分类、确定参与者、收集相关资料、建立初步风险清单、风险筛选和编制风险辨识报告六个步骤。

（1）风险分类。应根据风险损失类型进行分类，系统分析工程建设基本资料，对工程建设的目标、阶段、活动和周边环境中存在的各种风险因素进行分析。

（2）确定参与者。应选择工程经验丰富且理论水平较高的工程技术人员、管理人员和研究人员作为风险辨识参与者。风险辨识中专家的水平对辨识十分重要。

（3）收集相关资料。应全面收集工程相关资料，对现场进行风险勘查，系统分析工程建设风险因素。潜在的风险因素包括客观因素和主观因素，如工程建设场地及周边环境、建设技术方案及工程投资、工期和人员等。

（4）建立初步风险清单。利用风险调研表或检查表建立初步风险清单，清单中明确列出客观存在的和潜在的各种施工安全风险，包括影响工程安全、质量、进度、费用、环境、信誉等方面的各种风险。

（5）风险筛选。根据风险辨识的结果对工程施工安全风险进行二次识别，整理并筛选出与工程活动直接相关的各项风险，删除与工程活动无关或影响极小的风险因素及事故，并进一步进行识别分析，确定是否有遗漏或新发现的风险点。

（6）编制风险辨识报告。在风险辨识和风险筛选的基础上，根据建设各方的具体要求，结合工程特点和需要，以表格形式列出详细的风险点，并列出已辨识的工程建设风险清单。

三、风险控制

城市隧道施工风险管理的目标是保障工程建设安全，降低工程施工安全风险损失，因此工程建设各方的总体目标应该是一致的。风险管理实施前应由建设单位说明工程施工安全风险管理要求，建立风险管理组织实施制度，明确工程建设各方职责，均衡工程建设各方的风险效益，协调工程建设各方的风险管理目标。

城市隧道建设风险控制方案应由工程建设单位负责组织编制，其他工程建设各方一起参与。应从城市隧道施工风险因素入手，完成风险辨识与评估后，根据项目建设的总体目标，以有利于提高对工程施工安全风险的控制能力、减少风险发生可能性和降低风险损失为原则，选择合理的风险处置对策，编制风险控制方案。

风险处置有四种基本对策，可选择一种或多种实施风险控制。城市隧道施工风险处置对策有：

（1）风险消除。不让工程施工安全风险发生或将工程施工安全风险发生的概率降到最低。

（2）风险降低。通过修改技术方案等措施降低工程建设风险发生的概率。

（3）风险自留。风险自留的前提是所接受的工程施工安全风险可能导致的损失比风险消除、风险降低和风险转移所需的成本低。采取风险自留对策时应制订可行的风险应急处置预案，采取必要的安全防护措施。

（4）风险转移。依法将工程建设风险的全部或部分转让或转移给第三方（专业单位），或通过保险等合法方式使第三方承担工程建设风险。

工程保险是风险转移的一种重要方式，城市隧道建设应购买工程保险。工程保险可保护参保人的利益，是完善工程承包责任制并有效协调各方利益关系的重要手段。

由于工程保险是风险发生后的风险转移措施，属于事故后的风险规避与经济补偿，因此在施工安全风险管理中，不应将工程保险作为一种降低风险的基本措施。同时，工程保险不能消除和减少建设单位风险管理的责任。

四、施工期风险管理

（一）城市隧道施工期主要风险因素

（1）邻近或穿越地下管线中的大口径管线（热力、电力、水管和通信管线等）、保护性建（构）筑物、军事区或重要设施是隧道的重要风险点。

（2）穿越地下障碍物施工。地下障碍物直接影响正常的施工，通常情况应将地下障碍物预先清除，对于特殊情况下需在施工中直接切削穿越的，应制定有效的风险控制措施。

（3）浅覆土层施工。浅覆土层是指隧道覆土厚度小于施工隧道直径 1/2 的工况。浅覆土层施工易造成开挖面失稳和隧道上浮等风险，并会加剧土体的扰动，发生塌陷等事故。

（4）小曲率区段施工。小曲率区段是指隧道曲线半径小于施工隧道直径 1/50 的工况。小曲率区段对隧道轴线的控制存在一定风险，因此应加强对盾构姿态的控制，合理选择管片型号，并提高管片的拼装质量。

（5）大坡度段施工。大坡度段是指隧道轴线大于 30% 的区段。大坡度段施工易造成盾构姿态控制和隧道内水平运输困难，因此应合理控制盾构姿态，选取水平运输机具。

（6）小净距隧道施工。小净距隧道是指两隧道间距小于隧道直径 60% 的工况。在施工时应严格控制参数，加强监测，并对两隧道之间区域实施地基加固措施。

（7）穿越江河段施工。穿越江河段是指所建隧道处在江河下的工况。穿越江河段施工时，易形成开挖面与江河贯通以及隧道渗漏的风险。通常可采取提高开挖面稳定性，改善隧道抗位移、抗变形能力，以及加强隧道防喷涌、防渗漏性能等风险控制措施。

（8）特殊地质条件或复杂地段施工。

另外，针对具体城市隧道建设，应考虑增加车站、基坑、复杂工程安装、联络通道、进出洞等单项工程的施工风险分析；由于隧道建设存在大量的多工种、多专业交叉，因此应重视人员安全风险控制。

（二）施工期风险管理应完成的工作

（1）施工中的风险辨识和评估。

（2）编制现场施工风险评估报告，并以正式文件的形式发送给工程建设各方，经各方交流后形成风险管理实施文件记录。

（3）施工对邻近建（构）筑物影响风险分析。

（4）施工风险动态跟踪管理。

（5）施工风险预警预报。

（6）施工风险通告。

（7）现场重大事故上报及处置。

（三）施工期风险管理可采用的风险处置措施

（1）编写现场施工风险记录，建立现场风险管理监督机制。

（2）加强风险培训，提高施工管理人员和现场施工人员的风险防范意识。

（3）对Ⅲ级及以上风险编制风险处置措施，建立工程施工预警监控系统。

（4）对重大风险必须进行专项风险论证，并编制风险监控方案与应急预案。

（5）保险单位应参与工程施工风险管理，实施风险均衡控制。

（6）预先成立工程施工安全风险事故抢险专业队伍，做好人员及物资的储备工作。

一旦施工现场发生重大施工安全风险事故，施工单位应及时上报建设单位和相关政府主管部门，并及时组织人员抢险。

事故抢险或救灾结束后，建设单位应按相关规定组织专项调查，并进行风险事故通报，落实防范和整改措施，避免风险再次发生。

第六章　市政园林工程

第一节　园林工程施工基础

一、园林工程施工概念

园林工程施工是对已经完成计划、设计两个阶段的工程项目的具体实施；是园林工程施工企业在获取建设工程项目以后，按照工程计划、设计和建设单位的要求，根据工程实施过程的要求，并结合施工企业自身条件和以往建设的经验，采取规范的实施程序、先进科学的工程实施技术和现代科学的管理手段，进行组织设计，做好准备工作，进行现场施工，竣工之后验收交付使用，并对园林植物进行修剪、造型及养护管理等一系列工作的总称。园林工程建设与所有的建设工程一样，包括计划、设计和实施三大阶段。

二、园林工程施工类型和作用

（一）园林工程施工的类型

综合性园林工程施工，大体可分为与园林工程建设有关的基础性工程施工和园林工程建设施工两大类。基础性工程施工指在园林工程建设中应用较多的起基础性作用的一般建设工程，包括土方工程、给排水工程、防水工程、园林供电工程及园林装饰工程。园林工程建设施工类型根据各地情况不同，建设园林的目的不同，大致可以分为假山与置石工程、水体与水景工程、园路与广场工程和绿化工程。

（二）园林工程施工的作用

第一，是创造园林艺术精品的必经之路。园林艺术产生、发展和提高的过程，就是园林工程建设水平不断发展和提高的过程。只有把经过学习、研究、发掘的历代园林艺匠的精湛施工技术及巧妙手工工艺与现代科学技术和管理手段相结合，并在现代园林工程施工中充分发挥施工人员的智慧，才能创造出符合时代要求的现代园林艺术精品。

第二，是园林工程建设理论水平得以不断提高的坚实基础。一切理论都来自实践，来自最广泛的生产实践活动。园林工程建设的理论自然源于工程建设施工的实践过程。而园林工程施工的实践过程，就是发现施工中的问题并解决这些问题，从而总结和提高园林工程施工水平的过程。

第三，是园林工程建设计划和设计得以实施的根本保证。任何理想的园林工程建设项目计划，任何先进、科学的园林工程建设设计，均需通过现代园林工程施工企业的科学实施才能实现。

第四，是锻炼培养现代园林工程建设施工队伍的最好办法。无论是对理论人才的培养，还是对施工队伍的培养，都离不开园林工程建设施工实践锻炼这一基础活动。只有通过这一基础性锻炼，才能培养出作风过硬、技艺精湛的园林工程施工人才和适应国际要求的施工队伍。也只有力争走出国门，通过国外园林工程施工实践，才能锻炼和培养出符合各国园林要求的园林工程建设施工队伍。

三、园林工程施工特点和程序

（一）园林工程施工的特点

园林工程建设的独特要求决定了园林工程施工具有如下特点：

第一，园林工程建设的施工准备工作比一般工程更为复杂多样。我国的园林大多建设在城市或者自然景色较好的山水之间。城市地理位置的特殊性给园林工程建设施工提出了更高的要求。特别是在施工准备中，要重视工程施工场地的科学布置，以便尽量减少工程施工用地，减少施工对周围居民生活、生产的影响。其他各项准备工作也要完全充分，这样才能保证各项施工手段顺利实施。

第二，园林工程建设施工技术复杂。园林工程尤其是仿古园林工程施工的复杂性对施工人员的技术提出了很高的要求。作为艺术精品的园林，其工程建设施工人员不仅要有一般工程施工的技术水平，还要具有较高的艺术修养。以植物造景为主的园林，其施工人员更应掌握大量的树木、草坪、花卉的知识和施工技术。没有较高的施工技术水平，就很难达到园林工程建设的设计要求。

第三，园林工程建设的施工工艺要求严、标准高。要建成具有游览、观赏和游憩功能，既能改善人的生活环境，又能改善生态环境的精品园林工程，就必须具有高水平的施工工艺。因而，园林工程建设施工工艺比一般工程施工工艺复杂，标准更高，要求也更严。

第四，园林工程建设规模大、综合性强，要求各类型、各工种人员相互配合、密切协作。现代园林工程建设规模化发展的趋势和集园林绿化、生态、休闲、娱乐、游览于一体的综合性建设目标的要求，使得园林工程建设涉及众多的工程类别和工种技术。

（二）园林工程施工的程序

园林工程施工程序分为施工前准备阶段、现场施工阶段和竣工验收阶段。

1.施工前准备阶段

园林工程建设各工序、各工种在施工时，首先要有一个施工准备期。其内容一般可分为施工现场准备、技术准备、生产准备、文明施工准备和后勤保障准备五个方面。

2.现场施工阶段

各项准备工作就绪后，就可按计划正式开始施工，即进入现场施工阶段。由于园林工程建设类型繁多，涉及的工种也比较多且要求高，因此对现场各工种、各工序施工的要求便各有不同。在现场施工中应注意以下几点：

第一，严格按照施工组织设计和施工图进行施工，若有变化，须经计划、设计双方和有关部门共同研究讨论，并以正式的施工文件形式决定后，方可实施变更。

第二，严格执行各有关工种的施工规程，确保各工种技术措施的落实。不得随意更改，更不能将各工种混淆。

第三，严格执行各工序施工中的检查、验收、手续交接、签字盖章的要求，并将其作为现场施工的原始资料妥善保管，明确责任。

第四，严格执行现场施工中的各类变更(工序变更、规格变更、材料变更等)请示，不得私自变更和未经甲方检查、验收、签字而进入下一道工序，并将有关文字材料妥善保管，作为竣工结算、决算的原始依据。

第五，严格执行施工的阶段性检查、验收的规定，尽早发现施工中的问题，及时纠正，以免造成大的损失。

第六，严格执行施工管理人员对进度、安全、质量的要求，确保各项措施在施工过程中得以贯彻落实，防各类事故发生。

第七，严格服从工程项目部的统一指挥、调配，确保工程计划的全面完成。

3.竣工验收阶段

竣工验收是施工管理的最后一个阶段，是投资转为固定资产的标志，是施工单位向建设单位交付建设项目时的法定手续，是对设计、施工、园林绿地使用前进行全面检验评定的重要环节。

验收通常是在施工单位进行自检、互检、预检，初步鉴定工程质量，评定工程质量等级的基础上，提出交工验收报告，再由建设单位、施工单位与上级有关部门进行正式竣工验收。

（1）竣工验收前的准备

竣工验收前的准备，主要是做好工程收尾和整理工程技术档案工作。

（2）竣工验收程序和工程交接手续

竣工验收程序和工程交接手续主要有：

①工程完成后，施工单位先进行竣工验收，然后向建设单位发出交工验收通知单。

②建设单位(或委托监理单位)组织施工单位、设计单位、当地质量监督部门对交工项目进行验收。验收项目主要有两个：一是全部竣工实体的检查验收；二是竣工资料验收。验收合格后，可办理工程交接手续。

③工程交接手续的主要内容是建设单位、施工单位、设计单位在《交工验收书》上

签字盖章，质监部门在竣工核验单上签字盖章。

④施工单位以签订的交接验收单和交工资料为依据，与建设单位办理固定资产移交手续和文件规定的保修事项，并进行工程结算。

⑤按规定，交工后一个月进行一次回访，做一次检修。保修期为一年，采暖工程为一个采暖期。

（3）竣工验收的内容

竣工验收的内容有隐蔽工程验收，分部、分项工程验收，设备试验、调试和动转验收，以及竣工验收等。

第二节　园林工程施工现场管理

一、园林施工现场管理的概念

园林工程施工现场指从事园林工程施工活动经批准占用的施工场地。它既包括红线以内占用的园林用地和施工用地，又包括红线以外现场附近经批准占用的临时施工用地。

园林工程施工现场管理就是运用科学的管理思想、管理方法和管理手段，对园林工程施工现场的各种生产要素，如人(操作者、管理者)、机(设备)、料(原材料)、法(工艺、检测)、环境、资金、能源、信息等，进行合理的配置和优化组合，通过计划、组织、控制、协调、激励等管理职能，保证现场按预定的目标，实现优质、高效、低耗、安全、文明的生产。

二、园林工程施工现场管理意义

第一，施工现场管理是贯彻执行有关法规的集中体现。园林工程施工现场管理不仅是一个工程管理问题，也是一个严肃的社会问题。它涉及许多城市建设管理法规，诸如消防安全、交通运输、工业生产保障、文物保护、居民安全、人防建设、居民生活保障、精神文明建设等。

第二，施工现场管理是建设管理体制改革的重要保证。在从计划经济向市场经济转换的过程中，原来的建设管理体制必须进行深入的改革，而每个改革措施的成果，必然通过施工现场反映出来。在市场经济条件下，在现场内建立起新的责、权、利结构，对施工现场进行有效的管理，既是建设管理体制改革的重要内容，也是其他改革措施成功的重要保证。

第三，施工现场管理是施工企业与社会的主要接触点。施工现场管理是一项科学的、综合的系统管理工作，施工企业的各项管理工作，都通过现场管理反映出来。企业可以通过现场这个接触点体现自身的实力，获得良好的信誉。同时，社会也通过这个接触点来认识、评价企业。

第四，施工现场管理是施工活动正常进行的基本保证。在园林工程施工中，大量的人流、物流、财流和信息流汇于施工现场。而现场管理是人流、物流、财流和信息流畅通的基本保证。

三、园林工程施工现场管理的内容

（一）平面布置与管理

施工现场的布置是要解决园林工程施工所需的各项设施和永久性建筑之间的合理布置的问题，按照施工部署、施工方案和施工进度的要求，对施工用临时房屋建筑、临时加工预制场、材料仓库、堆场、临时水、电、动力管线和交通运输道路等作出周密规划和布置，协调园林绿化工程所需的各项设施和景观之间的位置关系。合理的现场布置是进行有节奏、均衡连续施工的基本保证，是文明施工的重要内容。由于施工过程不断发展和变化，现场布置必须根据工程进展情况进行调整、补充、修改。

施工现场平面管理就是在施工过程中对施工场地的布置进行合理的调节，这也是对施工总平面图进行全面落实的过程。主要工作包括根据不同时间和不同需要，结合实际情况，合理调整场地；作好土石方的调配工作，规定各单位取弃土石方的地点、数量和运输路线等；审批各单位在规定期限内，对清除障碍物、挖掘道路、断绝交通、断绝水电动力线路的申请报告；对运输大宗材料的车辆，作出妥善安排，避免拥挤和堵塞交通；做好工地测量工作，包括测定水平位置、高程、坡度等。

（二）材料管理

全部材料和零部件的供应已列入施工规划，现场管理的主要内容是确定供料和用料目标；确定供料、用料方式及措施；组织材料及制品的采购、加工和储备，做好施工现场的进料安排；组织材料进场，并合理使用；完工后及时退料及办理结算等。

（三）合同管理

现场合同管理是指施工全过程中的合同管理工作，它包括两方面：一是承包商与业主之间的合同管理工作；二是承包商与分包之间的合同管理工作。现场合同管理人员应及时填写并保存有关方面签证的文件。

（四）质量管理

现场质量管理是施工现场管理的重要内容，主要包括以下两个方面的工作：

第一，按照工程设计要求和国家有关技术规定，如施工质量验收规范、技术操作规程等，对整个施工过程的各个工序进行有组织的工程质量检验，保证不合格的园林材料不进入施工现场，不合格的分部分项工程不转入下道工序。

第二，采用全面质量管理的方法，进行施工质量分析，找出产生各种施工质量问题的原因，随时采取预防措施，减少或尽量避免工程质量事故的发生，把质量管理工作贯穿到工程施工全过程，形成一个完整的质量保证体系。

（五）认真填写施工日志

施工现场主管人员，要坚持填写施工日志，施工日志包括施工内容、施工队组、人员调动记录、供应记录、质量事故记录、安全事故记录、上级指示记录、会议记录、有关检查记录等。施工日志要坚持天天记，记重点和关键。工程竣工后，存入档案备查。

（六）安全管理与文明施工

安全生产管理贯穿于施工的全过程，关系着现场的生产安全和施工环境安全。现场安全管理的主要内容包括安全教育，建立安全管理制度，进行安全技术管理、安全检查与安全分析等。

文明施工是指在施工现场管理中，按照现代化施工的要求，使施工现场保持良好的施工秩序。文明施工是施工现场管理中一项综合性管理工作。

四、园林工程施工现场准备工作

（一）原始资料的收集

需要收集的原始材料包括：

（1）城市自来水干管的供水能力、接管距离、地点和接管条件等。无城市供水设施，或距离太远供水量不能满足需要时，要调查附近可作生产、生活、消防用水的地面或地下水源的水质、水量，并设计临时取水和供水系统。另外，还需调查利用市政排水设施的可能性，以及排水去向、距离、坡度等。

（2）可供施工使用的电源位置，可以满足的容量和电压，需要增添的线路与设施等。

（3）冬期施工时，附近蒸汽的供应量、价格、接管条件等。

（4）交通运输条件。调查主要材料及构件运输通道情况，包括道路、街巷以及途经桥涵的宽度、高度，允许载重量和转弯半径限制等。有超长、超重、超高或超宽的大型构件、大型起重机械和生产工艺设备需整体运输时，还要调查沿途架空电线（特别是横在道路上空的无轨电车线）、天桥的高度，并与有关部门商谈避免大件运输对正常交通干扰的路线、时间及措施等。

（二）技术资料准备

技术资料准备工作是园林工程施工准备工作的核心，它主要包括熟悉、审查施工图纸和有关设计资料等。

1.熟悉、审查施工图纸的依据

（1）建设单位和设计单位提供的初步设计或扩大初步设计（技术设计）、施工图设计、建筑总平面图、土方数量设计和城市规划等资料文件。

（2）调查、收集的原始资料。

（3）设计、施工验收规范和有关技术规定。

2.熟悉、审查设计图纸的目的

（1）为了能够按照设计图纸的要求顺利地施工，生产出符合设计要求的最终园林产品。

（2）为了能够在拟建工程开工之前，使从事园林工程施工技术和经营管理的工程技术人员充分地了解和掌握设计图纸、设计意图和技术要求。

（3）通过审查发现设计图纸中存在的问题和错误，并在施工之前改正，从而确保设计图纸的完整、齐全。

3.熟悉、审查设计图纸的内容

（1）审查拟建工程的地点，审查园林总平面图同国家、城市或地区规划是否一致，以及园林建筑物或构筑物的设计是否符合卫生、防火以及美化城市等方面的要求。

（2）审查设计图纸是否完整、齐全，以及设计和资料是否符合国家有关园林工程建设的设计、施工方面的方针和政策。

（3）审查设计图纸与说明书是否一致，以及设计图纸各组成部分之间有无矛盾和错误。

（4）审查园林总平面图与其他结构图在几何尺寸、坐标、标高、说明等方面是否一致，技术要求是否正确。

（5）审查地基处理与基础设计同拟建工程地点的水文、地质等条件是否一致，以及建筑物或构筑物与地下建筑物或构筑物、管线之间的关系。

（6）明确拟建工程的结构形式和特点，复核主要承重结构的强度、刚度和稳定性，审查设计图纸中工程复杂、施工难度大和技术要求高的分部分项工程或新结构、新材料、新工艺，检查现有施工技术水平和管理水平能否满足工期和质量要求，并采取可行的技术措施加以保证。

（7）明确建设期限、分期分批投产或交付使用的顺序和时间，以及工程所用的主要材料、设备的数量、规格、来源和供货日期。

（8）明确建设、设计和施工等各单位之间的协作、配合关系，以及建设单位可以提供的施工条件。

4.图纸会审

施工人员参加图纸会审是为了了解设计意图并向设计人员质疑。施工人员应本着对工程负责的态度，指出图纸中不清楚的部分或不符合国家建设方针、政策的部分，并提出修改意见供设计人员参考。图纸会审应注意以下几个方面：

（1）施工图纸的设计是否符合国家有关技术规范。

（2）图纸及设计说明是否完整、齐全、清楚；图中的尺寸、坐标、轴线、标高、各种管线和道路的交叉连接点是否准确；一套图纸的前、后各图纸是否吻合、一致，有无矛盾；地下和地上的设计是否有矛盾。

（3）施工单位的技术装备条件能否满足工程设计的有关技术要求；采用新结构、新工艺、新技术工程时，施工单位在技术上有无困难，能否确保施工质量和施工安全。

（4）对设计中不明确或有疑问处，请设计人员解释清楚。

（5）指出图纸中的其他问题，并提出合理化建议。

会审图纸应有记录，并由参加会审的各单位会签。必要时，设计单位应针对会审中提出的问题，提供补充图纸或变更设计通知单，连同会审记录分送给有关单位。这些技术资料应视为施工图的组成部分并与施工图一起归档。

（三）物资准备

施工现场管理人员需尽快计算出各施工阶段对材料、施工机械、设备、工具等的需求量，并说明供应单位、交货地点、运输方法等。对于预制构件，管理人员必须尽早从施工图中摘录出构件的规格、质量、品种和数量，制表造册，向预制加工厂订货，并确定分批交货清单和交货地点。对于大型施工机械及设备，管理人员要精确计算工作日并确定进场时间，做到进场后立即使用，用毕立即退场，以提高机械利用率，节省机械台班费及停留费。

（四）健全各项管理制度

工地的各项管理制度是否健全，直接影响各项施工活动能否顺利进行。为此，必须建立健全工地的各项管理制度。一般内容有工程质量检查与验收制度，工程技术档案管理制度，园林材料的检查验收制度，技术责任制度，施工图纸学习与会审制度，技术交底制度，职工考勤、考核制度，工地及班组经济核算制度，材料出入库制度，安全操作制度，机具使用保养制度。

（五）施工现场准备

施工现场准备工作，是保证工程按施工组织设计的要求和安排顺利进行的有力保障。施工现场的准备工作主要包括"三通一平"、园林材料的准备、园林安装机具的准备和生产工艺设备的准备等。

1."三通一平"

在园林工程的用地范围内，平整场地、通电、通水和保证交通畅通，被称为"三通一平"。

第一，平整场地。施工现场的平整工作是按园林总平面图进行的。通过测量，计算出挖土及填土的数量，设计土方调配方案，组织人力或机械进行平整工作。如果拟建场地内有旧建筑物，则须拆迁房屋，同时要清理地面上的各种障碍物，如树根、废基等。还要特别注意地下管道、电缆等情况，应对它们采取可靠的拆除或保护措施。

第二，通电。根据各种施工机械用电量及照明用电量，计算选择配电变压器，并与供电部门联系，按施工组织设计的要求，架设好连接电力干线的工地内外临时供电线路及通信线路。应注意对建筑红线内及现场周围不准拆迁的电线、电缆加以保护。此外，还应考虑供电系统供电不足或不能供电的情况，为满足施工工地的连续供电要求，应适当准备备用发电机。

第三，通水。它包括给水和排水两个方面。施工用水包括生产与生活用水，其布置应按施工总平面图的规划进行。施工给水设施应尽量利用永久性给水线路。临时管线的铺设，既要满足生产用水点的需要，又要尽量缩短管线。施工现场的排水也是十分重要的，尤其在雨期，如果排水有问题，则会影响运输和施工的顺利进行。因此，要做好排水工作。

第四，保证交通畅通。施工现场的道路，是组织大量物资进场的运输动脉，为了保证园林材料、机械、设备和构件早日进场，必须先修通主要干道及必要的临时性道路。为了节省工程费用，应尽可能利用已有的道路或结合正式工程的永久性道路。为加快修路速度，防止施工时损坏路面，可以先做路基，施工完毕后再做路面。

2.园林材料的准备

根据施工预算进行分析，按照施工进度计划，汇总材料名称、规格、使用时间、材料储备定额和消耗定额，编制出材料需求量计划，为组织备料，确定仓库、场地堆放所需的面积和组织运输等提供依据。

3.园林安装机具的准备

根据采用的施工方案，安排施工进度，确定施工机械的类型、数量和进场时间，确定施工机具的供应办法和进场后的存放地点和方式，编制施工机具的需求量计划，为组织运输、确定堆场面积提供依据。

4.生产工艺设备的准备

按照拟建工程生产工艺流程及工艺设备布置图确定工艺设备的名称、型号、生产能力和需要量，确定分期、分批进场时间和保管方式，编制工艺设备需求量计划，为组织运输、确定堆场面积提供依据。

（六）劳动组织准备

（1）确立拟建工程项目的领导机构。应根据施工项目的规模、结构特点和复杂程度确定项目施工的领导机构，坚持合理分工与密切协作相结合，把有施工经验、有创新精神、有工作效率的人选入领导机构，坚持因事设职、因职选人的原则。

（2）集结施工力量，组织劳动力进场。工地领导机构确定之后，按照开工日期和劳动力需求量计划，组织劳动力进场。同时要对其进行安全、防火和文明施工等方面的教育，并安排好职工的生活。

（3）组建施工队伍。应坚持合理、精干、高效的原则，从严控制二三线管理人员，力求一专多能、一人多职，同时制订出该工程的劳动力需求量计划。

（4）施工组织设计、计划和技术交底的时间在单位工程或分部分项工程开工前及时进行，以保证工程严格地按照设计图纸、安全操作规程和施工验收规范等要求进行施工。

（5）测量定位。按照设计单位提供的园林总平面图及接收施工现场时建设方提交的施工场地范围、规划红线桩、工程控制坐标桩和水准基桩进行施工现场的测量与定位。

（6）临时设施搭设。为了施工方便和安全，应用围栏将指定的施工用地围挡起来，围挡的形式和材料应符合所在地管理部门的有关规定和要求。应在主要出入口设置标牌，标明工程名称、施工单位、工地负责人等。

①临时围墙和大门。在满足当地文明施工要求的情况下，沿施工临时征地范围边线用硬质材料围护，高度不低于 1.8 m，并按相关标准作适当装饰及宣传。大门设置以方便通行、便于管理为原则，一般设钢制双扇大门，并设固定岗亭，便于门卫值勤。

②生活及办公用房。按照施工总平面布置图的要求搭建。现一般采用盒子结构、轻钢结构、轻体保温活动房屋结构形式，其既广泛适用于现场建多层建筑，又坚固耐用，便于拆除、周转。

③临时食堂。应按当地卫生、环保规定搭建并解决好污水排放问题，一般均设置简易、有效的隔油池，使用煤气、天然气等清洁燃料，不得不使用煤炭时，应采用低硫煤和由环保部门批准搭建的无烟回风灶。

④场区道路和排水。施工道路布置既要因地制宜，又要符合有关规定，应尽可能环状布置，宽度应满足消防车通行需要，场地应设雨水排放明沟或暗沟，以解决场内排水问题。一般情况下，道路路面和堆料场地均作硬化处理。

⑤临时厕所。应按当地有关规定搭建厕所，并配备化粪池，办理排污手续。可利用市政排污管网排放，无管网可利用时，化粪池的清理及排放可委托当地环卫部门进行。

（7）安装、调试施工机具。按照施工机具需求量计划，分期分批组织施工机具进场，根据施工总平面布置图将施工机具安置在规定的地点或存贮的仓库内。所有施工机具都必须在开工之前进行检查和试运转。

（8）组织材料、构配件制品进场储存。按照材料、构配件、半成品的需求量计划组织物资、周转材料进场，并依据施工总平面图规定的地点和指定的方式进行储存和定位堆放。同时，依据材料试验、检验要求，及时采样并提供园林材料的试验申请计划，严禁不合格的材料存贮现场。

第三节　园林工程施工组织与管理

一、园林工程施工组织与管理的内容

园林工程施工养护包括种植工程和土建工程(土方工程、房建工程、园林工程、铺地工程、给水排水工程、假山工程、水景工程、园林供电工程)的施工和养护。

园林工程施工管理是施工单位在特定的园址上，按设计图纸要求进行的对实际施工的综合性管理活动，是具体落实规划意图和设计内容的重要的手段。它的基本任务是根据建设项目的要求，在园林工程施工项目管理的过程中，建立施工项目管理机构，对具体的施工对象、施工活动等实施管理，依据已审批的技术图纸和施工方案，对现场进行全面合理的组织，使劳动资源得到合理配置，从而保证建设项目按预定目标优质、快速、低耗、安全地完成。

二、园林工程施工组织与管理任务

（一）制订施工项目管理规划

施工项目管理规划是对园林工程施工项目管理的组织、内容、方法、步骤、重点等进行预测和决策，并作出具体安排。其主要内容有以下三个方面：

第一，进行园林工程施工项目分解，形成施工对象分解体系，以进一步确定控制目标。

第二，建立园林工程施工项目管理工作体系，绘制施工项目管理工作体系图和施工项目管理工作信息流程图。

第三，编制园林工程施工管理规划，确定管理点，形成文件，以利于执行和控制。

（二）建立施工项目管理机构

（1）由企业采用合适的方式选聘或任命一名称职的项目经理。

（2）根据园林工程施工项目组织原则和实际情况（包括项目本身、项目经理及相关人员等），选用适当的组织形式，由项目经理组建项目管理机构，落实有关人员的责任、权限和义务。

（3）在遵守企业规章制度的前提下，根据园林工程项目管理的需要，制定工程项目规章制度及细则。

（三）进行施工项目目标控制

施工项目的目标有阶段性目标和最终目标两种。实现目标是进行园林工程施工项目管理的目的。在进行施工项目目标控制时，应以控制论为指导，进行全过程的科学控制。园林工程施工项目的控制目标主要有五项，即进度控制目标、质量控制目标、成本控制目标、安全控制目标、施工现场控制目标。

（四）进行施工项目合同管理

施工项目合同管理是在市场经济条件下进行的特殊交易活动的管理,这种交易活动从招投标开始,贯穿于整个园林工程施工项目的全过程,同时这一过程也是对园林工程承包合同的履约过程,所以必须依法签订合同,履约经营。合同管理直接影响园林工程施工的效果和目标的实现。

（五）优化配置和动态管理

施工项目的生产要素是施工项目目标得以实现的保证,主要包括劳动力、材料、设备、资金和技术。生产要素管理的内容有:分析各生产要素施工中的特点;按照一定的原则、方法对各生产要素进行优化配置,并对优化配置的状况进行评价;对各生产要素进行动态管理。

第四节　园林工程施工现场质量管理

一、园林工程施工质量管理的特点

园林工程施工涉及面广,是一个极其复杂的综合过程,同时园林工程位置固定、整体性强、建设周期长、受自然条件影响大,因此园林工程施工的质量比一般工业产品的质量更难以控制,主要表现在以下几个方面:

（1）影响质量的因素多。如设计、材料、机械、地形、地质、水文、气象、施工工艺、操作方法、技术措施、管理制度等,均直接影响园林工程施工的质量。

（2）容易产生质量变异。由于影响园林工程施工质量的偶然性因素和系统性因素都较多,因此很容易产生质量变异。偶然性因素如材料性能微小的差异、机械设备正常的磨损、操作微小的变化、环境微小的波动等,都会引起质量变异;系统性因素如材料的规格、品种有误，施工方法不妥，操作不按规程，机械故障，仪表失灵，设计计算错误等，也会引起质量变异，造成工程质量事故。

（3）容易产生第一、第二判断错误。园林工程施工工序交接多，中间产品多，隐蔽工程多，若不及时检查实质，事后再看表面，就容易产生第二判断错误，也就是说，容易将不合格的产品认为是合格的产品。相反，若检查不认真，测量仪表不准，读数有误，就会产生第一判断错误，也就是说容易将合格产品认定为不合格产品。这一点，在进行质量检查验收时，应特别注意。

（4）不能用解体、拆卸的方法检查质量。园林建成后，不可能像某些工业产品那样，再拆卸或解体检查内在的质量，或重新更换零件。即使发现质量有问题，也不可能像工业产品那样"包换"或"退款"。

（5）质量要受投资、进度的制约。园林工程施工的质量受投资、进度的制约较大，一般情况下，投资大、进度慢，质量就好；反之，质量就差。因此，在园林工程施工中，必须正确处理质量、投资、进度三者之间的关系。

二、园林工程施工质量管理的过程

园林工程都是由分项工程、分部工程和单位工程所组成的，而园林工程的建设，则通过一道道工序来完成。所以，园林工程施工的质量管理既是从工序质量到分项工程质量、分部工程质量、单位工程质量的系统控制过程；也是一个从对投入的原材料的质量控制开始，直到完成工程质量检验为止的全过程的系统过程。

三、园林工程施工质量管理的原则

对园林工程施工而言，质量控制，就是为了达到合同、规范所规定的质量标准，而采取的一系列检测、监控措施、手段和方法。在进行施工质量控制过程中，应遵循以下原则：

第一，坚持"质量第一，用户至上"。商品经营的原则是"质量第一，用户至上"。园林产品作为一种特殊的商品，使用年限较长，是"百年大计"，在一定程度上关系到人民的生命财产安全。所以，园林工程在施工中应把"质量第一，用户至上"作为质量控制的基本原则。

第二，坚持以人为核心。人是质量的创造者，质量控制必须坚持以人为核心，把人作为控制的动力，充分调动人的积极性、创造性；增强人的责任感，树立质量第一观念；提高人的素质，避免人的失误；以人的工作质量保工序质量、促工程质量。

第三，坚持以预防为主。以预防为主就是要从对质量的事后检查，转向对质量的事前控制、事中控制；从对产品质量的检查，转向对工作质量的检查、对工序质量的检查、对中间产品质量的检查。这是确保施工质量的有效措施。

第四，坚持质量标准，严格检查，一切用数据说话。质量标准是评价产品质量的尺度，数据是质量控制的基础和依据。产品质量是否符合质量标准，必须通过严格检查才能确定。

第五，贯彻科学、公正、守法的职业规范。施工企业的项目经理，在处理质量问题时，应尊重客观事实，尊重科学，正直、公正；应遵纪守法，杜绝不正之风；既要坚持原则、严格要求、秉公办事，又要谦虚谨慎、实事求是、以理服人。

四、园林工程施工质量管理的阶段

为了加强对园林工程施工质量的管理，明确各施工阶段管理的重点，可把园林工程施工质量分为事前控制、事中控制和事后控制三个阶段。

（一）事前控制

事前控制是对施工前准备阶段进行的质量控制。它是指在各工程对象正式施工活动开始前，对各项准备工作以及影响质量的各因素和有关方面进行的质量控制。

（1）施工技术准备工作的质量控制应符合下列要求：

第一，组织施工图纸审核及技术交底的要求：①应要求勘察设计单位按照国家现行的有关规定、标准和合同,建立健全质量保证体系,完成符合质量要求的勘察设计工作。②在图纸审核中,审核图纸资料是否齐全,标准尺寸有无矛盾及错误,供图计划是否满足组织施工的要求,以及所采取的保证措施是否得当。③设计采用的有关数据及资料应与施工条件相适应,保证施工质量和施工安全。④进一步明确施工中具体的技术要求及应达到的质量标准。

第二,核实资料的要求:核实和补充现场调查收集的技术资料,确保资料的可靠性、准确性和完整性。

第三,建立保证工程质量的必要试验设施。

(2)现场准备工作的质量控制应符合下列要求:

第一,场地平整度和压实程度应满足施工质量要求。

第二,测量数据及水准点的埋设应满足施工要求。

第三,施工道路的布置及路况质量应满足运输要求。

第四,水、电、热及通信等的供应质量应满足施工要求。

(3)材料设备供应工作的质量控制应符合下列要求:

第一,材料设备的供应程序与供应方式应合理,能保证施工顺利进行。

第二,所供应的材料设备的质量应符合国家有关法规、标准及合同规定的质量要求。设备应具有产品详细说明书及附图;进场的材料应检查验收,应验规格、验数量、验品种、验质量,做到合格证、化验单与材料实际质量相符。

(二)事中控制

事中控制就是在施工过程中进行的所有与施工有关的质量控制,也包括对中间产品(工序产品或分部、分项工程产品)的质量控制。

事中控制的策略是全面控制施工过程,重点控制工序质量。其具体措施是:工序交接有检查;质量预控有对策;施工项目有方案;技术措施有交底,图纸会审有记录;配制材料有试验;隐蔽工程有验收;计量器具校正有复核;设计变更有手续;钢筋代换有制度;质量处理有复查;成品保护有措施;行使质控有否决;质量文件有档案(凡是与质量有关的技术文件,如水准、坐标位置,测量、放线记录,沉降、变形观测记录,图纸会审记录，材料合格证明，试验报告，施工记录，隐蔽工程记录，设计变更记录，调试、试压运行记录，试车运转记录，竣工图，等等，都要编目建档）。

（三）事后控制

事后控制是指对所完成的具有独立功能和使用价值的最终产品（单位工程或整个建设项目）及其有关方面（如质量文档）的质量进行的控制。其具体工作内容有：

（1）组织联动试车。

（2）准备竣工验收资料，组织自检和初步验收。

（3）按规定的质量评定标准和办法，对完成的分项、分部工程，单位工程进行质量评定。

（4）组织竣工验收，其标准是：

①按设计文件规定的内容和合同规定的内容完成施工，质量达到国家质量标准，能满足生产和使用的要求。

②主要生产工艺设备已安装配套，联动负荷试车合格，形成设计生产能力。

③交工验收的园林建筑物要窗明、地净、水通、灯亮，采暖通风设备运转正常。

④交工验收的工程内净外洁，施工中的残余物料运离现场，灰坑填平，临时建（构）筑物拆除，2 m 以内地坪整洁。

⑤技术档案资料齐全。

第七章　城市公共交通设施

第一节　城市公共交通设施布局
与利用效率的研究基础

一、研究对象的定义及分类

（一）城市公共交通设施的定义

目前，国内学术界在对城市公共交通设施的界定上并不统一。杨立波认为交通设施是为物质生产和人民生活提供便利条件的物质载体和公共设施，是一个复杂而开放的系统，能够保证整个社会的正常运行。张言彩指出公共交通设施是包括公路、铁路、高架桥、地下通道、机场等在内的为社会产品和居民提供运输服务的公共设施。从道路资源的角度来看，城市公共交通设施是城市区域范围内所拥有的，需要有政府先行供给的公共资源，对社会经济效益起着重要的基础作用。而集聚经济学认为，城市交通设施是一种能使城市区域范围内各种生产要素相互接近的可共享的公共资源，正是这种共享性产生的外部性，降低了该区域内居民和企业的生活和生产成本。

本节是从城市公共交通设施布局的角度进行研究的，因此需要从整体上把握公共交通设施的定义。笔者认为，城市公共交通设施是城市生产和生活的主动脉，是城市基本空间环境的构成要素，对城市空间序列的流畅性、美观性和节奏感产生重大影响，主要包括道路基础设施、交通安全设施、交通服务设施、交通管理设施以及其他交通设施。

（二）城市公共交通设施的分类

关于城市公共交通设施的分类，根据不同研究目的分类方法也有很多，如按照交通运输工具分为公共汽车交通设施和城市轨道交通设施，按照交通设施和服务空间分为城市内部交通设施和对外交通设施等，在此不一一阐明。由于本书仅研究城市内部公共交通设施，因此为使整个公共交通设施系统尽量完整，按以下功能分类：

第一，道路基础设施，包括道路网络系统、城市公共停车设施、公共交通站点（首末站、枢纽站、中间停靠站）。其中需要说明的是城市公共停车设施是城市道路基础设施的组成部分之一，属于静态交通设施，其用地计入城市道路用地总面积，但出租车和货运交通场站设施、各类公共建筑的配套停车场用地面积不含在内。

第二，交通安全设施，包括行人安全装置和车辆安全装置。前者包括人行过街地道、人行高架桥、平交口护栏与行人通行护栏、人行横道。车辆安全设施包括交通岛、视线诱导设施、分割带以及防眩设施等。

第三，交通服务设施，是指供交通工具停放的空间，如公交车停车场、自行车停车区等。

第四，交通管理设施，是指为减少交通事故、提高行车速度和城市道路的通行能力，由交通管理部门统一设置并要求驾驶人和行人共同遵守的交通标志、交通指挥信号灯以及路面标志。

第五，其他交通设施，是指除城市公共停车场地和车辆加油站之外的其他服务设施，包括电话亭、报亭、公共厕所、自动取款机、站点候车棚、路灯，以及针对特殊群体的无障碍通道、残疾人轮椅坡道、盲文指示牌等。

二、公共交通设施布局与利用效率的相关理论

（一）公共产品理论

作为西方经济学的重要理论，公共产品理论最早在政治理论、哲学论著中提到。早在 17 世纪中叶，英国学者托马斯·霍布斯（Thomas Hobbes）在其著作中就已提出"社

会契约论"和"利益赋税论",成为公共产品理论的重要思想源头。之后,威廉·配第(William Petty)在《赋税论》中集中讨论了公共经费问题和公共支出问题。1776年,亚当·斯密(Adam Smith)在《国富论》中从经济学角度谈到君主的职责和功能,其中便有建立和维护某些公共机关和公共工程,进而提出了国家存在的必要性,更可贵的是他明确地将公共支出和市场关系联系起来。约翰·穆勒(John Mill)也在其著作中分析了市场失灵的原因,实际上就是后来公共产品理论明确提出的"囚徒困境"和"搭便车"问题,这些研究成为公共产品理论的基础。公共产品理论的快速发展则发生在20世纪中叶保罗·萨缪尔森(Paul Samuelson)的《公共支出的纯理论》发表之后,他在该文中对公共产品的概念进行了新的定义。

由公共产品理论的发展进程可知,公共产品理论起初是依附于政治学的,但这一理论侧重对效率问题的分析,而对社会公平问题的研究始终进展不大,这就决定了这一理论最终还将向政治方向靠拢。

公共性是公共产品的本质属性,具体表现在产品具有公平的供应结构、公开的供应过程和公正的供应取向。城市公共交通设施作为在消费上有竞争性但无法有效排他的公共资源类产品,具备了准公共产品的特征。这意味着城市公共交通设施不具有绝对的非竞争性。在交通总量低于拥挤点时,公共交通设施是非竞争性的,而在交通总量超过拥挤点时,对公共交通设施的消费则变为有竞争性的。公共交通设施对国民经济的发展起着至关重要的作用,在国家安全体系中占有特殊地位,这是由这种准公共物品的正外部性决定的,因此其建设、布局不能等同于一般的市场经济活动,不能完全甚至不能以市场为导向,政府需要在保证社会资金营利性的基础上对其保有一定程度的控制权,因此公共交通设施的布局需要政府利用宏观调控手段从整体上进行规划,否则就会出现设施的重复建设或者设施的缺失,造成社会资源的浪费,或者给居民的出行带来不便。

(二)精明增长理论

"精明增长"这一术语是在20世纪90年代中期出现的。它首先源于二战后"城市蔓延"所造成的一系列社会和经济后果:无节制的土地消耗、市政基础设施投入的增加,以及土地使用和运输政策之间的分离等。基于这些后果,"精明增长"理论作为一种新的城市发展战略逐渐被社会各界认可。它的初衷是通过提高现有城市公共基础设施的利用效率，建设紧凑型的城市形态，为居民提供居住地的多重选择，实现多样化的交通来努力控制城市蔓延。例如，有学者认为，紧凑发展的目标是要达到自然资源（包括土地）和基础设施（包括公共交通设施）的有效利用。精明增长理论的核心是用足城市存量空间，减少盲目扩张；加强对现有社区的重建，重新开发废弃、污染工业用地，以节约公共服务成本，保护空地；减少基础设施、房屋建设和使用成本。

由此看来，在我国当前城市土地保有量受到限制以致城市空间向外扩张受阻的情况下，精明增长理论通过重新组合土地使用功能，保护自然环境、人文景观、空地，改变现有交通模式，强化城市社区改造等方式来解决城市空间扩张中出现的社会、资源和生态等问题，因而成为城市可持续发展的新型理论工具。城市公共设施布局的合理性和有效性在很大程度上取决于城市土地的集约利用，由于城市本身集社会、自然、地理、人文等学科于一身，因此精明增长理论研究的内容也偏重综合学科的融合。

就我国城市发展的特点来看，其传统发展模式除了表现为以粗放型、扩展外延型为主的"摊大饼"式发展，还突出体现了以拓展道路交通设施为先导，这主要是受"想致富，先修路"思想的影响。然而，针对我国人多地少、土地后备资源不足的情况，城市道路基础设施的合理布局和有效利用将直接关系到城市空间的发展，进而关系到城市的发展。一方面，在缺乏公共交通合理规划的前提下，道路基础设施的扩张必然导致道路周边地区的进一步开发，导致开敞的空间和自然环境被城市用地填满。另一方面，在我国掀起城市基础设施建设大潮的同时，以道路网建设为标志的交通设施建设的合理性问题日益凸显，表现为在缺乏科学指导的情况下过分追求宽而大的道路，以致蚕食行人和非机动车交通空间，这些都与精明增长理念相悖。

基于精明增长理念，相关部门需要对传统的交通设施布局尤其是道路网络布局规划方法加以改进，提高道路网建设的合理性，处理好城市交通的衔接问题，并建立一整套评价流程，以实现城市精明增长的目标，从而使城市空间拓展走上良性循环，最大限度地减少对自然资源和人文景观的破坏，减少对时间和资金的浪费。

（三）可持续发展理论

可持续发展是改革开放之初出现的概念。改革开放以来，随着社会经济的迅速发展和城市化进程的不断加快，人们对交通的需求随之剧增，为了满足这一需求，城市相关部门在城市交通系统的规划、建设上投入了大量的资金，从而使我国道路交通网络规模急剧扩大，相应的交通配套设施也不断完善。但由于缺乏科学的理论指导，道路交通网络建设也给周边环境与居民的生活带来了不利影响，如城市的"行车难"问题、对不可再生资源的消耗加剧等。在这种情况下提出可持续发展理论正是对这种严重制约经济和社会发展的传统发展模式的反思，是对环境和资源问题危及人类社会发展，成为社会发展瓶颈的反省。这一概念一经出现，便得到了国际社会的普遍认同。可持续发展是指既满足当代人的需要，又不对后代人满足其需要的能力构成危害的发展，它要求经济、社会、资源、环境协调发展，既要达到发展的目的，又要保护好人类赖以生存的大气、淡水、海洋、土地等自然资源，使我们的后代能安居乐业和永续发展。

可持续发展包含四个原则，即发展原则、协调性原则、质量原则和公平性原则，其核心是发展，但这种发展必须在控制人口数量、提高人口素质、保护环境和资源的前提下进行。基于可持续发展理论，我国在促进城市交通系统建设的同时，要充分考虑城市的生态环境，提高公共交通设施的利用率，避免对资源造成浪费，建立以满足资源优化利用、改善交通质量为目标，以资源消耗、环境容量和交通承载量为指标体系，符合可持续发展理念的城市公共交通规划和布局理论。为此，在城市公共交通设施布局规划中应从以下三个方面进行调整：

第一，观念的调整。要建立能够支撑可持续发展的公共交通设施体系，在交通设施硬件上注重新技术的应用，在设计观念上加入新元素，在设施建设目标上统筹考虑。

第二，结构的调整。在可持续发展观念指导下建立的交通系统应是一个包括"政府调控行为、科学技术能力建设和社会公众参与"的复杂系统工程。

第三，对自然环境的态度调整，注重基础设施建设和环境保护相结合。总之，在研究城市公共交通设施布局时，应以城市交通系统的可持续发展为原则，根据科学的交通需求预测方法，研究城市道路网、停车场、道路交叉口等具体交通网络的布局规划方法，在完善我国城市公共交通设施的同时将扩大道路基础设施规模、提高现有公共交通设施的利用效率与降低资源消耗、节省城市建设用地结合起来。

第二节 公共交通设施在城市系统中的功能及其影响因素

一、公共交通设施在城市系统中的功能定位

城市公共交通设施系统是由道路基础设施、交通安全设施等组成的网络体系，承载了多种功能。公共交通设施的基本功能可划分为三类：第一类是交通设施的本体功能，即交通运输功能，为各类交通主体的活动提供空间载体；第二类是美学功能，主要体现在交通设施反映的城市风貌和历史文化方面；第三类是作为城市空间形态的支撑，为各类需求空间提供依托，引导城市空间的发展。

（一）公共交通设施的交通运输功能

公共交通设施的交通运输功能是复杂的、多样的、具体的和动态的，要想搞好公共交通设施布局规划和设计，弄清楚这一功能的内部联系是前提。

首先，要了解交通行为，不同的交通行为需要不同的设施布局。交通行为基本包括两大部分，即行和停，行又分为三种功能：迅速通行对应"通"的功能，进出城市某区域对应"达"的功能，寻找目的地对应"寻"的功能，这三种功能对速度的要求不同，处理不当就会影响公共交通设施的利用效率。

其次，要了解交通设施的服务对象，即交通主体，包括车和人两类。其中，车包括机动车和非机动车等，人也分为多种，如男、女、老、幼或者健全、残疾等，不同的交通主体对交通设施布局的要求不尽相同，有时甚至还存在矛盾，因此在规划路网时应尽

量使之各得其所，减少彼此间的矛盾冲突。

最后，要了解交通设施所满足的交通需求，掌握每日的早高峰、晚高峰，每年的节日、旅游旺季，临时性的需求变化如重大赛事等。有时，设施的功能也可能发生变化，如生活性道路或者商业街有可能转变为交通性道路。这就要求规划设计人员将这种动态性考虑在内。

（二）公共交通设施的美学功能

城市公共交通设施不仅具有交通运输功能，而且有一定的文化价值，在一定程度上展现了城市的风貌和历史文化。

首先，交通设施尤其是城市的道路网既是一个城市的骨架，又是城市景观的组成部分，因此在规划时既要对设施本身进行美观，也要考虑其与周边环境的协调、搭配。对道路景观的评价既要有静态视觉又要有动态感受，因此城市公共交通设施应在满足交通功能的前提下与城市的自然环境（山体、水面、绿地等）、人文景观（传统街巷、特色建筑等）有机结合在一起，组成和谐而富有韵律、赏心悦目的城市景观。

其次，应重视道路绿化的美学功能。道路绿化是指路侧带、中间及两侧分割带、立体交叉、广场、停车场以及道路用地范围以内的边角空地处的绿化，具有遮阴、防尘、装饰、视线诱导等功能，是城市道路的组成部分，应根据城市性质、自然景观和环境等与城市道路景观有机结合，进行合理规划，发挥其在景观方面的特殊功能。

最后，在布设照明设施时，应做到美观、合理，因为城市道路和交叉口的人工照明是保障交通安全、美化城市景观的重要措施。昼间照明设施是街头的装饰品，而夜间则是道路空间环境中的重要景观，能产生灯火辉煌的夜景。因此，既要从交通功能的角度来布设照明装置，也要从美学角度选择灯具、杆柱和底座等，使照明设施既有实用性，也有美观性。

（三）公共交通设施的引导功能

城市交通设施具有引导城市空间发展的功能。从宏观层面来看，城市路网对城市交通走廊具有引导作用，而城市内外高效的运输系统很大程度上来源于这些交通走廊，因此，城市路网与城市的基本关系就由这些城市路网与城市活动体系的基本关系所决定，基于这种引导和促进作用，城市路网的合理规划成为必然要求。从微观层面来看，一个城市的交通组织模式和交通方式与道路两侧的用地模式和微观布局密切相关，路面承载的客流特征又是用地微观布局的体现。因此，城市合理的微观布局结构的发展需要合理的交通设施布局来引导。由上述可知，城市宏观方面的布局结构和微观方面的用地布局势必会受到路网规划和建设的影响，城市空间格局演变的主要原因之一就是交通方式的变革和交通网络布局的建设。因此，在路网规划和建设中要有大局和超前意识。合理引导城市空间发展不能只依赖城市用地的开发，实现城市交通和城市用地的相互协调发展是城市交通设施规划布局中深层次的考虑内容。

除了上述功能，城市交通设施还有一些其他功能，比如在城市遇到突然灾害时，城市道路是防灾和救援的主要通道，对防灾、救援起到非常重要的作用，因此在路网规划时应考虑这些因素。对于地震设防城市，则需要结合具体情况考虑道路的宽度与两侧建筑高度的关系，防止建筑坍塌后将道路全部阻塞。

二、影响城市公共交通设施布局的因素

（一）城市的人口规模

城市的人口规模对城市交通的影响主要体现在以下几个方面：

（1）一个城市的居民出行总量在很大程度上取决于该城市的人口规模，人口规模大，城市居民的出行总量也大，反之亦然。

（2）城市的人口规模影响着城市居民的出行次数。总体来说，在同一时期，人口规模大的城市，居民的出行成本比较高，出行次数相应比较少；人口规模小的城市，居民出行成本低，出行次数较多。

（3）城市的人口规模影响居民的出行时耗。以上海为例，20 世纪末，上海常住人口为 710 万人，居民出行一次平均耗时 25.1 分钟；到 21 世纪初，其常住人口增加到 1 710 万人，居民出行一次平均耗时增长到 29.8 分钟。

（4）城市人口规模影响城市居民的出行距离。显而易见，一个城市的公共交通设施分布与该城市的人口总量关系密切，当城市人口规模达到一定程度时，在规模经济的作用下，城市将会增加一定量的公共交通设施。但是，公共交通设施和人口规模不是线性关系，交通便利的城市会吸引更多的人迁入，最终又将造成人口过度集中，而大量的人口将使该区域交通需求剧增，导致交通供不应求，并带来诸多交通问题。因此，对人口规模较大的城市来说，合理、高效地疏导中心城区人口，优化公共交通设施布局，是美化城市环境、缓解城市交通压力的重要途径。

（二）城市的用地布局

城市空间结构的拓展是城市交通和土地利用相互作用的结果。土地为城市的社会经济活动提供场所，性质不同的土地分布在城市的不同区域，正是这种分离产生了交通流，人流和物流往来于各种性质的土地之间，形成复杂的道路交通网络。城市交通与土地利用在宏观上存在"源"和"流"的关系，"源"与"流"互为影响因素。一方面，土地利用是城市交通的源头，不同的用地布局影响城市居民的出行规模和出行方式；另一方面，城市各区域基础设施建设决定了土地的利用模式，这种利用模式因为交通设施的完善而改变。

在整个城市的演变进程中，城市用地、城市交通一体化之间相互作用、相互制约。若要使城市呈现良好发展态势，就要促使两者之间协调发展。土地利用模式决定城市交通模式，具体来说，低密度分散模式的特点是不同性质的用地布局分散，土地利用密度低。该模式下的城市通常具有多个中心城区，居住区、学校、购物区等区域各自分离，用地分散，从而导致城市边缘向郊区蔓延，土地利用率低。在这种模式下，单位土地面积产生的交通需求很小且分布不均，因此不适宜建设公共交通组织模式，反而比较适宜运输量较小且快捷灵活的私人交通模式。高密度集中模式的特点是土地利用率高，土地利用多样化、全面化，城市布局集聚，该类型土地利用模式下的城市通常只有一个有吸引力的市中心区域，土地利用布局比较合理。这种土地利用模式能够有效地抑制城市的无限蔓延，缩短居民出行时间。高密度集中模式下的城市土地利用布局相对比较合理，土地的集约化程度也较高，与此相适应的交通发展模式必然是具有大量运载能力的公共交通运输模式，因为在高密度集中模式下，交通出行者会被吸引到同一目的地。

总之，不同性质的用地构成整个城市的用地结构，不同的城市用地布局又对交通需求产生影响，合理地规划土地利用性质、利用强度和利用布局，提高城市区域用地的综合程度，是减轻城市道路交通负荷，控制交通需求的有效手段之一。

（三）城市的空间形态

城市道路交通设施对城市布局的依托功能，使城市布局与形状成为影响交通设施布局的重要因素。团块状的城市布局往往出现在平原地区，其城市道路网络也多表现为方格网，如石家庄，或者方格网＋环形＋放射形，如北京。当然，也有个别城市如洛阳，由于地形、水文等原因，其道路网络布局呈带状。正是由于在城市确定其发展方向时，平坦、地质好的用地往往成为首选，而且这些用地也比较适合修建道路交通设施，所以这种现象并不是偶然的。这样，道路交通设施的规划布局和城市的布局形态就形成一种耦合关系。一般而言，城市用地布局、形态应与道路交通设施的布局、形态相吻合，城市道路交通设施的布局不能一味地迎合城市布局形态的发展，否则道路交通就难以对城市空间走向的扩展起到良性作用。不同的城市形态对城市交通设施布局的影响可以分为以下几种情况：

第一，就平原地区而言，城市向周围扩展较为容易，城市用地布局的形状常为团块状，同时由于环路的建设，放射状道路将城市布局变为星状。随着城市空间的不断扩大，环路的数量也逐渐增多。老城区的面积决定内环路的设置，一般可在老城废弃城垣上，先建好停车库或布设好地下管线。如果老城区占地面积较大，则还要在中心商务区的外面另辟内环，这样能使人流和车辆在无须穿行中心商务区的情况下便能有效地抵达中心商务区的外围，从而有利于减少中心城区的停车量和交通量。值得注意的是，在方格道路网络中，中心城区外的道路不一定是环路，只要能满足交通集散的要求，可以是几条道路切过中心城区附近。城市的外环一般将城市对外的货运站场、工厂、港口、批发市场和仓库联系在一起，并随着城市区域的扩展而变化。

第二，在某些受水文和地形影响的城市，其空间向周围扩展时，往往沿着地形向外呈现出风扇状。受这种空间布局的影响，其在道路交通设施规划时应设置切线，以防止风扇叶片间的交通频繁穿越中心城区,增加中心城区的交通压力。另外,风扇叶片之间可以进行道路绿化,以改善城市环境。

第三,某些组团城市,由于各组团的面积不大且相对独立,组团间的交通需求较少,交通问题相应比较简单,因此在这种城市布局中设置道路交通设施主要应考虑各组团之间的联系,使之合理组织和承担各类交通,防止组团间的交通和市际交通产生干扰。组团城市形态中也有中心组团,中心组团往往承担市级综合服务职能,成为交通的中心,在对中心组团的道路交通设施进行规划布局时应留有余地。

第四,在带状城市形态中,过境公路一般就是城市的主干路,沿路往往会开设大量零售网点或者批发市场,以吸引人们来此交易,同时也会有车辆来往装卸货物,使干路可通行的车道变得拥堵,从而降低行车速度。在这种城市形态中布局道路交通设施时,应着重加强道路交通管理措施,保护好道路的交通运输功能,确保城市道路的安全通畅。

(四)城市的经济发展

经济发展程度对一个城市的道路交通设施规划的影响是显而易见的,城市的道路交通设施规划既是城市总体规划中的专项规划,也是城市交通规划中的专项规划,其硬件和软件设施的建设和设计需要城市的经济实力作为后盾。同时,随着城市经济技术的快速发展,城市市场的日渐繁荣,城市的交通需求量将不断增加,这也对城市道路交通设施和道路网络的规划和建设提出了更高的要求。如果一个城市的交通问题突出,交通拥堵严重,交通安全没有保障,势必会阻碍城市化进程,成为城市经济发展的瓶颈。城市的经济发展和交通规划建设若想在良性循环下相辅相成发展,就需要大力发展经济,以强大的经济实力作为后盾,辅之以完善的交通基础设施和先进的交通管理政策。城市道路交通设施规划和建设与社会经济系统呈现相互依存、相互促进、协调发展的态势,对实现社会经济持续发展、人们生活质量提升具有促进作用;从供需角度来看,城市交通系统和经济系统互为供需双方,互为主导,都是以满足居民需求变化、推动经济发展为目标的,经济发展的加快、经济结构的转变、人均收入水平的提高都会引起城市交通规划及建设的规模、结构等的变化。

著名的门槛理论也认为,当社会经济发展到一定程度时,城市规模的继续增长往往会受到一些因素的限制，如交通、电力等，这些因素对城市经济发展和人们生活质量的提高产生重要影响。这些限制因素规定着城市规模增长的阶段性极限，这种阶段性极限便是城市发展的门槛。而通常的渐进增长型投资是无法解决这种限制的，因此要想跨过这些门槛，就需要在这些基础设施上实现跳跃性突增。需要提出的是，这种门槛是动态的甚至多级的，因为在城市集聚与扩展过程中，刚刚跨过一道门槛，基础设施出现突增时，城市的基础设施建设容纳度会相应下降，而当城市规模再次达到城市基础设施的容纳极限时，新的门槛又会出现。基于这种理论，在规划和建设基础设施时，必须从长远和大局出发，使城市基础设施建设尤其是道路交通设施建设，与经济的发展相匹配。

（五）城市的自然环境

自然环境对交通设施布局的影响一般是通过城市空间布局实现的，影响城市空间布局的自然条件主要有河流、地质条件、地下矿藏等。比如，在山区或矿藏区的城市多呈分散状态，而滨河、滨海城市则呈条带状，这些不同城市布局和形态又影响了城市的交通流和城市公共交通设施的布局和设置。不仅如此，有些城市的道路走向和布局标准受自然环境的影响，完全依照该地区的河流走向和自然地形进行规划和建设，并进一步演变成城市的交通走廊。具体来讲：

受水文条件影响的城市在进行扩展时，道路与河流的关系是城市交通设施规划和建设需要考虑的问题。其中，首先要考虑的是河流的走向、航道净空、桥头与旧城道路的衔接以及河流两侧用地性质等问题；其次，在填河筑路时应考虑城市道路排水系统的设置，为使道路畅通，在道路标高上应遵循科学规划的原则。河网地区道路基础设施的设置应符合下列规定：为便于交通衔接，城市道路应与城市的客货流码头和城市渡口统一规划，不得使码头的航船停泊和岸上的农贸集市交易妨碍到城市主干道的交通。在设置道路方向时应与河道的方向垂直或者平行，城市桥梁上车行道和人行道的宽度应依照道路的车行道和人行道设置。

山区由于受江河、丘谷、冲沟的分割，地形比较复杂多样，地势高低不平，城市形态常常呈组团或块状。山区城市进行交通设施建设的难度较大，因为地形对道路的线性走向起重要作用，道路坡度较陡，需要多架设桥梁。为了使城市区域内交通便捷和对外交通通畅，在设置城市主干路时需要严格按照技术标准。相对而言，各个组团或块状城市内部的道路交通设施自成系统，从而使道路交通功能和其他功能达到完美统一。山区城市道路基础设施的设置应符合下列规定：主干路和双向交通应按照标准设置在不同标高上，而且宜设置在谷底或者坡面上；地势特别高的地区在设置道路系统时，应将车流和人流分开，使车行系统和人行系统各自独立，以保证交通的安全便捷、合理有序；当地势特别陡峭、道路设置难度较大时，可以考虑开通地下隧道以便于主干道之间的联系。

第三节　城市公共交通设施布局与利用效率

一、城市公共交通设施布局的评价指标

科学合理的评价指标能够为决策者提供不同行动方案的实施条件，并反映不同主体的得失，因此在选取指标时应遵循科学客观性、整体完备性、独立性和统一性等原则。

（1）交通功能指标：城市公共交通设施基本功能的表征，反映城市公共交通设施满足居民出行安全、高效、舒适、便捷等需求的程度，以及交通系统运行质量的水平。

（2）资源利用指标：反映城市公共交通设施对空间资源消耗、能源消耗和资金的消耗程度。

（3）环境保护指标：反映城市交通设施与城市自然环境和人文景观的协调程度，主要指城市交通设施构成材料的环保性以及对交通所产生的污染物的削减程度。

（4）经济适应性指标：反映城市交通设施建设费用、养护成本和营运费用与其满足交通需求（完成的客运和货运周转量）的比例，以及交通出行费用和交通安全程度。

二、城市公共交通设施布局与利用效率现状

（一）公共交通设施功能定位不清

城市公共交通设施的功能具有多样性和层次性，以城市道路为例，它的基本功能是交通运输，是为便于客运、货运而建，除此之外，还担负着采光、布设公共管道等派生功能，甚至在某些场合它的基本功能已经弱化，成了人们休闲生活场所。单就交通功能方面来说，还可细分为市域交通与过境交通、行人交通与车流交通、客运交通与货运交通等，这些不同的交通流拥有各自不同的运营规律。由于道路设施的这些功能有时具有矛盾性，因此在规划时需要协调这些矛盾，按道路功能对其进行分类。而目前的城市道路建设往往忽视了这些功能之间的矛盾，导致随意停车现象屡见不鲜，临时停车普遍，特别是在交叉口地段，由于动静态交通相互争夺空间，因此交通拥堵加剧，降低了道路资源的利用效率；过境道路穿越市区，为居民出行带来不便和安全隐患。之所以出现上述现象，是因为没有按不同交通流的特殊运营规律划分交通设施功能。

在城市交通设施规划的过程中，既要保证交通设施布局的密度，又要保证交通设施的通畅可达性，防止因其功能的杂乱无章而导致交通效率低下，从而影响城市美观，违背交通设施建设的初衷，达不到安全、舒适、高效、便捷的现代化交通出行要求。由此看来，在规划时一方面应考虑将道路设施分为交通性道路和生活性道路，并按服务区域分为街坊性道路、市域内道路、全市性和过境道路；正确处理影响交通的交叉口渠化和信号灯的配置；处理好人行交通和车行交通等。另一方面，应唤起人们在正确地方泊车的意识，减少任意停车现象的发生，建设和管理好配套服务设施。而要达到这一要求，最根本的是加快城市交通设施建设步伐，这样城市交通才能高效率地运转。

（二）公共交通设施布局不平衡

城市化的迅速发展对相应的配套公共交通设施提出了新的要求和挑战。目前，由于旧城区的发展历史较长，城市功能相对成熟，公共交通设施的配套比较完善，因此密度一般较大，服务能力比新城区强。当然，旧城区的公共交通设施规划也存在诸多弊端，

如部分交通设施的设置与建设重复率高；公交站点的间距设置过小；同一交通走廊集合了数条服务水平相近、功能相当的公交线路且功能混杂，更新建设落后；部分位于旧城区的公共交通设施由于建设年代久远、缺乏合理的管理与修缮，出现了空间环境差、服务档次低等问题；公共交通设施覆盖不均衡；等等。而在城市边缘地区的小区、街道却没有一条线路，缺少公交站点、公共厕所等设施，尤其是在阴雨天气，由于公交站点没有设置供居民避雨的候车棚，因此给居民出行带来了诸多不便。在我国，城市新区普遍存在的现象是公共交通设施配套建设不足，虽然部分新建的城区提供了交通运输所必需的城市道路基础设施，但是为出行提供更为高级服务的公共交通设施较缺乏。以某市停车场为例，目前，该市中心有 51.9 万辆机动车，24.7 万个合法停车位，而依据国际标准，合理的停车泊位数应是机动车保有量的 1.2～1.5 倍，以此计算，该市的停车位最低应为 62.3 万个，实际缺口高达 37.6 万个。

上述旧城区和新城区公共交通设施分布不均衡问题亟须改进，但是由于旧城区在用地布局方面已大致成型，加上其他条件限制，因此部分交通设施未来难以拓展。而城市新区的人口规模尚未定型，且城市整体发展规划缺乏，因此在公共交通设施建设方面也存在诸多困难。

（三）公共交通设施资源浪费严重

公共交通设施的不合理设置会对社会资源和自然资源造成极大的浪费，给宜居城市建设带来不利影响。

（1）财政资源浪费。毋庸置疑，公共交通设施的过度设置导致交通设施的投入成本较高，会增加财政支出的负担，同时不合理的设施设置是对财政支出的浪费，为管理和维护这些设施，相关部门需要增加支出。交通主管部门为更好地对这些交通设施进行管理需要投入更多的人力资源，而这些岗位的增设，增加了行政机关的财政支出。

（2）社会资源消耗。很多交通事故的发生是由交通设施布局不合理引起的，交通事故会破坏交通工具和所载物品，损害个人或者社会的财产。同时，对道路及其他公共设施造成的损坏，需要投入各类资源去弥补，这些不必要的资源消耗，会对社会资源造成浪费。

（3）空间资源浪费。空间条件是公共交通设施配置的前提条件，不合理的公共交通设施配置会压缩城市空间，增加空间负担，挤占城市其他方面的用地，降低城市用地效率。以城市交通信号灯为例，由于箭头信号灯对道路空间占用较多，因此如果不考虑道路的实际使用情况，随意安置箭头信号灯，则不仅会降低人和车辆的通行效率，还会对道路空间造成浪费。再比如，由于我国选择了交通容量优选的设计理念，因此和西方一些城市一样，我国也陷入了"路越宽，车越堵"的尴尬窘境。一般来说，单行道的设置可以使道路容量大大增加，但是应视具体情况决定是否设置单行道。在道路较窄时，可以考虑设置单行道；如果道路宽度能够达到四车道以上，则没有必要设置单行道，否则对空间资源来说是一种浪费。同时，交叉口的设置也存在浪费问题。出于对人和车辆安全的考虑，有些交叉口会设计为环形交叉口或错位交叉口，但受这两种形状的交叉口的空间组织形式的影响，交通流在通过时将受到很大制约，而且这种交叉口占地面积较大，增加了车辆绕道行驶的路程，不利于车辆左转弯。实际情况是，在交通流量较小的情况下，平面交叉口完全能满足人车的通行要求，没有必要设置环形或错位交叉口。

（4）能源资源浪费。众所周知，若要减少车辆耗油量，就要使车辆尽可能保持匀速行驶，减少停车、起步的频率，不过于频繁地加速或减速。然而不合理的交通设施布局，如公交站点密度过大、交通信号灯设置间距较小等，会大大降低客车、货车行驶的通畅程度，减少车辆的有效通行时间，使车辆在路面上停留时间增加，在这些时候，车辆往往处于等待状态或待动、加速、减速状态，这就使车辆耗油量大大增加，对能源的节约造成不利影响。

三、产生问题的原因

（一）公共交通设施规划体系不完善

以前，我国只注重生产上的建设，而忽视城市规划，对基础设施投资不足，导致城市公共交通设施严重缺乏。即使在原来条件不错的大都市，基础设施的余力也被挖殆尽，被迫在重负荷状态下运营，已经无法适应经济建设和人们生产、生活的需要。

同时，我国部分城市旧城区缺乏有计划、有重点的成片改造规划，致使城市公共交通设施规划缺乏相应的科学依据，导致本来已经很有限的公共交通设施建设资金不能得到有效利用，因而城市公共交通设施建设经常处于被动状态，无法形成完善的公共交通系统。

（二）公共交通设施建设配套政策不健全

城市公共交通设施与民生密切联系，因此相关行政部门对公共交通设施建设与管理具有不可推卸的责任，其有义务通过制定政策、法规来保证公共交通设施的合理规划和布局。首先，需要制定合理的土地使用政策。在我国大部分城市的新建区，通过医疗、教育、文化及体育等公益性建筑设施来对人流、车流进行合理引导是城区交通和生活有序进行的保证。然而，由于缺乏相应的土地利用政策，公益性建筑用地遭到限制，已建的公共设施也存在重建设轻管理的现象，因此无法对交通发展起到引导作用。其次，需要制定合理的投、融资政策。目前我国尚未建立公共交通设施建设扶持政策和协调机制，公共交通设施建设缺乏稳定的资金来源，资金投入总体不足。政府部门对大中城市新建公共交通设施的财政补贴率一般不足 10%。城市道路基础设施、公共停车场（站）、车辆配置更新、交通管理系统完善等均缺少资金支持。交通设施投资比例不合理，特别是对公共交通设施的投资不能满足城市发展需求。公共交通在城市基础设施投资中所占比例较小，远远小于城市基础建设投资。同时，部分地方政府没有建立科学、规范的补贴补偿机制，没有制定合理的税收扶持政策，从而导致财政补贴不能及时到位，给公交企业经营带来了困难，增加了职工队伍的不稳定性，并在一定程度上阻碍了行业的可持续发展。

第四节　城市公共交通设施布局结构的优化与高效利用措施

一、公共交通设施布局的原则

（一）以人为本原则

无论是客运还是货运，其最终服务对象都是人，人是交通运行的主体，因此公共交通设施规划应首先保证城市居民优先受益。交通组织应以大多数人的便利出行为出发点，而不是为了管理。在交通供给和需求倒挂的情况下，不同类型的交通流在同一路面通行时有着各自特殊的运动规律，由此产生的需求是不同的，甚至是矛盾的，这就要求相关人员在规划时按人流、非机动车流、机动车流将交通主体区分开来。交通并不是交通工具的简单运行，而是人或物的运行，以人为本原则是城市交通可持续发展的最高要求，同时也是最基本的要求。具体体现在：

第一，在宏观交通规划时应使绿色、低碳出行在一定程度上取代私人机动车出行，同时，通过调整城市公共设施布局来对各种出行方式进行科学引导。在城市交通规划和建设的各个环节都必须始终贯穿以人为本的思想，需要充分保证绝大多数交通主体出行的便捷性、舒适性和安全性。

第二，在公共设施详细规划建设阶段，应在尽可能照顾广大行人、骑车人的前提下，进行混合交通综合规划。在此阶段，要特别注意一些无障碍设施的设置和方便行人遮阳、避雨等的公共候车棚的规划建设，在细节上体现人文关怀，构建和谐、舒适、健康的交通环境。

（二）最小通行能力原则

管理学中有一个著名的"木桶"原理，即如果组成木桶的各木板长度不同，则木桶的最大盛水量是由最短的那块木板决定的。该理论应用在交通系统建设中时，长短不一的木板代表通行能力不同的道路交叉口和路段，木桶的最大盛水量代表道路所能承载的最大交通流量。由木桶原理可知，科学的交通设施规划应以该条道路上交通承载量最小的路口为标准，其他与之相关联的道路上的路口的通行量都不得超过该路口相关方向的最大通行能力，否则将因通行能力的限制发生交通拥堵。

（三）交通设施规划的美学原则

城市景观是城市的名片，各种景观元素都与交通设施有着密切的联系，科学、合理地布局交通设施是形成城市美好景观的基础。城市交通设施规划应与城市景观规划相结合，把交通设施系统纳入城市景观系统之中，做到静态规划设计和动态规划部署相结合，创建既秀丽优美又富有节奏和韵味的城市景观。

二、优化城市公共交通设施宏观布局的技术性路径

（一）科学控制路网规模，合理构建路网结构

城市道路不仅承载了巨大的交通流量，还是一个城市在空间上发展的中心线。道路网一旦成型，必将随着城市的发展延续下去，除非遭到巨大的自然灾害或者严重的人为破坏。但是不论是历史上还是国内外的灾后重建经验都告诉我们这样一个事实：城市道路网的恢复，都是建立在原有的设计基础上的，除非这个城市遭受到了灾难性的毁灭，已没有恢复重建的可能性。由此可见，规划设计一个在多方面、多层次都相对合理的城市道路网，在整个城市交通系统中有着重要的意义。一般来说，完善城市道路网必须优先考虑道路规模、结构两个方面。

1.把城市道路网的规模控制在科学的范围之内

随着全国城镇化步伐的加快，城镇人口密度不断增大，城市道路交通问题日益凸显。鉴于此，全国各地政府针对交通问题的新规定应运而生，但又有所区别。但其共同认识是，城市的土地是极其有限的，不能无限制地增加城市道路用地，应科学地控制城市道

路网的规模。判断城市道路网规模的指标有道路的面积率、人均道路占有率及道路的设计密度等。

城市中所有道路的面积在整个城市用地中所占的比例即是道路的面积率。笔者通过对国际上多个城市道路面积率的研究发现，一个城市要想达到交通畅通的要求，其道路面积率宜保持在 20%左右。道路面积率过大，会使一座城市毫无生机；而道路面积率过小，则又会使道路显得拥挤，交通堵塞时有发生。由此可见，道路的面积率过大或过小都是不可取的。科学地控制城市道路网首先应科学地控制城市道路的面积率。

城市中每个人所拥有的道路的面积占该市道路总面积的比例就是城镇人均道路占有率。可见，人均道路占有率与城镇道路总面积有着巨大的联系。研究认为，人均道路面积应为7～15 m²；其中道路用地面积应为每人6～13 m²，广场面积应为每人0.2～0.5 m²，公共停车场面积宜为每人 0.8～1.0 m²。人均道路占有率过大或过小同样是不可取的。

城市道路网密度也是衡量道路网规模的重要指标，如果密度太小，则交通可达性势必会差；如果密度过大，则会导致交通不便，使道路的有效使用率降低。实际上，道路的布局受经济发展程度、地形、建筑布局等条件的限制，各城市的道路网差异很大，即使同一城市不同地区的道路网密度也不尽相同，经济发展好的地方、商业活动密集的地方，道路网密度就会大一点儿，经济欠发达或商业活动不太密集的地方，道路网密度相对较小。

2.根据城市实际交通状况安排道路网结构

从交通覆盖角度讲，不同的城市道路网有不同的结构特点。

放射性路网能保证距离城市中心较远的地方与市中心联系便利，但是城市边缘的各区之间来往会比较困难。由此可知，这种结构可能会造成城市中心比较拥堵，城市外围联系不太便利的现象。这种结构只适合于客流量相对较小的城市。

放射性加环式路网在大城市比较实用。在一个城市的发展过程中，汇集到城市主要干道的外围大道，形成放射干道，而城外各地之间的交通流量则适当地放在环型路上，这在一定程度上造成放射干道上的交通流量比环形道路上大很多，因此市中心交通枢纽仍然会超载。

棋盘式路网就像一副棋盘，没有非常明显的城市中心交通枢纽，在纵向和横向上都有许多条平行的道路，这样一来每位出行者都有较多的选择路线，对于出行是非常有利的。另外，棋盘式路网还有助于使客流量均匀地分布到各条道路上，使整个交通系统的通行能力提高。而它的缺点是沿对角线方向没有最便捷的路线，所以棋盘对角线式路网应运而生。

（二）完善行人和车辆安全设施，合理疏导交通流

1.完善行人安全设施

（1）开通人行过街地道。过街地道的开通大大减少了行人对城市交通设施用地的需求，为行人的通畅出行提供了便利。但在地道内部，应注意地面和墙壁的装饰，因为新颖的设计，往往能给行人新奇的感受。在布设过街地道时应注意避开旧城区管线布设密度较大的地区，其宽度应以能满足交通高峰时段行人出行需求为宜。

（2）设置高架人行道。高架桥的设置应根据出行者的生理和心理要求来布设，以提高高架桥本身的可利用性和安全性，具体来说其长度应根据建造地路面的宽度和周边环境而定，其造型要体现独特性和优美性，应成为街道的一抹亮色。

（3）设置路边防护栏。为了防止行人任意横穿马路，对机动车、非机动车形成横向干扰，造成交通事故，在平交口或人行横道上应设置防护栏。防护栏设置应与人行横道、过街天桥、地道等结合起来，既能方便行人过街，又能有效降低交通事故发生率。

（4）设置人行横道。人行横道一般设置在道路交叉口处，并与信号灯结合，主要通过控制过街的行人和车辆来控制交通流。值得注意的是，在有些交通流量不大的地方，信号灯设置缺失，行人通过时应注意行驶的车辆，车辆也应注意避让行人。

2.完善车辆安全设施

车辆安全设施包括交通岛、分隔设施及防眩装置等。交通岛一般设置在平面交叉口处，用来引导交通流，交通岛的设置对提升交通能力有一定作用，也可在交叉口处用画斑马线的方式设置交通岛。

常见的分隔设施有隔离带和隔离栅栏两种。当道路较宽敞时应设置隔离带，当道路较狭窄时，隔离栅栏或隔离墩也是分割交通流的不错选择。平面交叉口处的隔离墩具有

分割交通流、视线诱导与引导交通流等功能。

防眩装置的设置也有两种形式：一种是在道路中间的隔离带上设置防眩网，另一种是在隔离带上布置灌木丛，这两种方式都能有效降低夜间对向行车车灯对对方造成的眩光干扰。

另外，交通标志、信号等设施也属于交通安全设施之列，在设计时应注意色彩的应用，使行人和驾驶员能快速作出反应。

（三）注重公共交通辅助设施设置，于细节处彰显人文关怀

路灯是城市公用设施之一。在设置路灯时，既要保证道路的可见度，又不能使路灯过于刺眼，应保障车辆和行人的通车安全。根据道路的风格和功能，在设置路灯时既可以沿道路两边对称布设，也可以沿道路两侧错位布设。例如，在城市迎宾大道上宜采用对称布置型，并可以在灯杆上悬挂彩旗等，以烘托热烈的气氛，展现城市的友好态度。

城市道路边的公共厕所主要是为行人、司机服务的，因此在此将其列入交通服务设施。这类设施在设置时面临选址难的问题，因为有些居民不愿意将其建在自家门口。因此，相关部门应在城市详细规划阶段，将公共厕所的位置预留出来，并对其地址进行规划。其合理的设置应在公共绿地、公交始末站附近，这样既方便行人又能减少布设阻力。其他可归为交通服务设施的有城市道路上的无障碍设计、公共汽车停车站、书报亭等，这些设施独特新颖的设计和巧妙的设置体现了城市生活美和艺术美的统一，能在一定程度上提高城市美观度和空间品质，是构建和谐、健康、舒适的宜居城市的内在要求。

三、提高城市公共交通设施利用效率的对策

（一）重视公共交通设施的微观色彩设计

研究表明，色彩给人的印象最为深刻，而且停留在大脑中的时间最长，成为影响感官的第一要素，因此在设置公共交通设施时不妨从色彩角度出发来提高公共交通设施的利用效率。这样做不仅比改善硬件设施更节能环保、见效快、可操作性强，而且体现了交通设施的人性化设计原则。

然而，有些城市在公共交通设施设置时对色彩重视程度不足，比如有些公交指示牌的底色和标示所用颜色区别度较小，不方便行人和司机辨认，尤其是在光线较暗的晚上。有的设施用色混乱，与周围环境极不和谐，影响美观。公共交通设施的色彩配置还应考虑特殊人群尤其是色觉障碍人群，因此在色彩设计上应考虑设施的明亮度差异，应使人们能无障碍地获取公共交通中的必要信息。

（二）优化组合公共交通设施的功能

在规划和建设公共交通设施时，应根据管理部门的标准将多个相关功能集合于一个项目，使这些功能重新组合，这种建设方式能使传统、单一的公共交通设施功能在纵向上得以延伸。比如在建设公交站牌时，除标注站点和车辆信息外，还可加上具体的地图信息，给出行者更直观的印象；如果是跟旅游景点相关的路线，则可在站牌上特别标注上旅游路线和景点，以人性化服务体现公共交通设施的价值。

整合优化城市公共交通设施的功能不仅可以提高公共交通设施的利用效率，而且能够节省设施建设成本，因为将多种功能集合在一个项目内，有效缩短了项目建设周期。这种功能的整合避免了重复建设带来的资源浪费，给人们出行带来了便利。

第五节　公共交通设施布局优化
与高效利用的保障体系建设

一、政府政策保障体系

（一）土地利用政策

城市交通系统的空间发展模式、交通通行能力、空间距离结构模式都是由城市的用地布局决定的，根据不同城市的自然地理条件制定科学合理的城市用地政策能够有效地防止城市空间的无序蔓延，提高城市化水平。合理的用地规划与布局是减轻城市交通负荷、控制交通需求的有效手段。因此，应坚持城市交通与土地利用的协调发展，使城市交通规划与土地利用更为紧密地结合在一起；进一步理顺城市土地利用思路，形成合理的城市空间结构，确保公交场站用地及公交设施空间分布的合理性；制定一系列适度超前的综合交通政策，促进交通运输结构的更新升级，引导各种运输方式协调发展。

（二）公共交通规划政策

我国解决交通问题的传统做法是加大交通设施投入，即通过拓展道路宽度、增加道路长度、加大路网密度来提高交通通行能力。但是，空间资源和资金的稀缺决定了此举在实施时受到很大的限制。如何寻求一种有效办法来提高现有公共交通设施的利用效率，成为当前亟须考虑的问题。公共交通在环境保护、出行效率、运输能力、服务质量、人均用地面积等方面比其他出行方式有着明显的优势。从国外先进经验得知，完善的干线网络、发展充分的轨道交通和对各种公共交通方式有效的整合是国外治理交通拥堵、提高交通服务水平的有效措施，国外大部分城市的公交分担率在40%～80%，换乘系统发达，枢纽站完善。许多国家政府还从政策上完善优先发展公共交通的补贴补偿机制，限制私人机动车的不合理使用。实践中,应根据实际情况,将城市规划和公共交通规划有机结合起来,采用灵活高效的经营管理方式,通过提高信息化程度、采用现代化技术来提升交通服务能力。公共交通优先发展政策侧重从运输装备角度加大对公共交通的投资力度。坚持"公共交通优先发展"策略,就是要通过发展大运量快速公共交通系统、促进公共交通枢纽建设、优化公共交通网络、赋予公共交通设施优先权等一系列措施,切实提高公共交通通行能力和服务质量,增加公共交通吸引力,提升交通运输体系的运输效率。

(三)交通工具使用政策

城市交通工具使用相关政策旨在通过减少交通需求从源头上治理城市交通问题,在使用该政策时应与城市公共交通优先政策相互配合,通过教育,让居民尤其是私有车保有者牢固树立公共交通优先的意识。在实施相关政策时,为配合城市交通方式组合优化政策,应积极发展公共交通车辆及其相关配套设施,适度发展私人小汽车,根据城市交通供需状况规范出租车市场,严格限制使用摩托车,逐步取消助力车,通过限制某些车辆进入城市中心,减少市中心停车设施压力,并制定严格的噪声和废弃物排放标准,确保政策的实施效果。同时,应积极建设换乘等公共交通设施,鼓励停车换乘。

(四)交通法规规范政策

以完善的城市交通法规体系来引导城市交通健康发展是提升我国城市交通品质的有效途径。以美国为代表的发达国家在城市交通发展进程中建立了一整套完备的道路交通法规体系,主要包括交通投资与建设、交通运营与管理、交通安全和交通环境等方面,完善的城市交通法规体系对城市交通发展作用巨大。一般来说,完善的城市交通法规体系应由三方面组成:城市交通结构优化法规,包括城市公共交通优先法等;城市交通基础设施建设法规,包括公共交通场站管理办法等;城市交通能源与环境法规,包括高污车辆报废条例等。

（五）安全教育政策

在优化城市宏观交通布局的前提下，不规范的个体交通行为也可能对整条道路甚至整个交通系统的通行能力造成严重影响。据调查，现阶段出行者交通安全意识不强的原因主要是人们的侥幸心理、从众心理以及外在推力。要解决这种困境，就要制定完善的安全教育计划和城市交通法规，提高城市交通行为人的交通安全意识，这将对提高现有交通基础设施的利用效率，减少交通事故起到积极的作用。

二、融资渠道保障体系

缺乏足够的交通基础设施建设资金在一定程度上阻碍了现代化城市综合交通体系的发展。城市交通设施具有准公共产品属性，其投资难以通过市场手段收回，这就需要对以往的单纯依靠政府投资的模式进行改革创新。一是完善政府财政政策，适度扩大交通设施承建区的财政权力，优化财政支出结构，防止财政越位、缺位和错位现象的发生；二是完善政府补偿机制，对低于平均利润的私人成本进行合理补偿，以期促进交通设施投资的良性发展；三是进行金融制度创新，加大政策性银行和商业银行对基础设施建设的信贷支持力度，拓宽融资渠道；四是创新公共交通设施的融资模式，目前许多城市已经在这方面进行了有益的尝试，其中最重要的改革是促进投资主体的多元化和投资方式的多样化，积极引导民间资本参与公共交通设施建设，创新多元化融资模式，通过拓宽广大投资者的投资渠道，为公共交通设施建设搭建新的平台。总体来说，在政府的主导下，充分发挥市场机制的调节作用，并广泛调动民间资本的参与热情对促进我国城市公共交通设施建设有良好的推动作用。

三、科学技术保障体系

（一）环保技术

机动车行驶过程中会产生噪声、废气、尘埃等污染，而在目前的技术水平下这些污染无法避免，为了减少因交通污染而给周围居民和环境带来的危害，有必要研究交通污染治理技术，如汽车尾气净化技术等，以促进交通的可持续发展。

（二）智能技术

未来城市交通发展的方向是智能交通，智能交通将信息技术、传感器技术、自动控制技术和系统集成技术等有效结合，建立起一种服务于整个交通管理与控制的实时、准确的综合性交通运输系统。在当前形势下，我国应加大对交通设施的科技投入，致力于建立智能交通管理系统，以现代化综合交通信息系统的构建为目标，创新交通管理科技工程，建设包括交通管理系统、交通信息服务系统、交通控制系统、交通指挥系统等在内的智能交通管理系统，基本实现交通管理与服务的智能化、信息化、现代化。另外，还需要进一步创新为行人和车辆提供和交通体系相关的静态和动态信息的交通信息服务体系，实现交通服务的可视化、便捷化，为行人和司机提供路况咨询和帮助，消除因交通系统的不确定性而给他们带来的不便，提高交通的整体运转效率。

（三）管理技术

现代化的交通管理系统需要以城市交通信息技术为基础，其最高形式是区域交通管理，这种模式把全区域所有车辆的运输效率最大化作为自身的管理目标。目前，区域交通管理有两种形式：一种是区域信号控制系统，另一种是智能化区域管理系统。前者以英国的绿信比、周期、相位差优化技术和澳大利亚的悉尼自适应交通控制系统等为代表，我国部分城市已引进这种控制系统。后者是智能化交通系统的组成部分，目前尚处于开发阶段，一旦投入使用，将对降低能源、资源消耗，提高交通运行效率起到良好的推动作用。

第八章　城市基础设施建设
可持续发展

第一节　相关概述与理论基础

一、城市基础设施概述

（一）城市基础设施的概念

20 世纪 40 年代末，基础设施作为一个独立的经济学概念开始出现于西方。20 世纪 80 年代初，我国学者逐渐认识到基础设施的重要性，加大了对基础设施的研究工作。1981 年，钱家俊、毛立本引入了"基础结构"的概念。1983 年，刘景林详细介绍了基础设施的概念、特征、作用，并提出了基础设施发展对策。《中国经济大词典》将基础设施定义为："为生产、流通等部门提供服务的各个部门和设施，包括运输、通讯、动力、供水、仓库、文化、教育、科研以及公共服务设施。"《辞海》将基础设施定义为："为工业、农业等生产部门提供服务的各种基本设施，包括铁路、公路、运河、港口、桥梁、机场、仓库、动力、通信、供水，以及教育、科研、卫生等部门的建设。"早期研究并没有将"基础设施"与"城市基础设施"区分开来。

20 世纪 80 年代之前，我国一般把政府部门出资建设的城市道路、给水、通信等设施称为"市政工程设施"。改革开放后，有些专家和学者提出可以将这类设施统称为"城市基础设施"。1985 年，我国学者在"城市基础设施学术讨论会"上最先定义了城市基础设施："城市基础设施是既为物质生产又为人民生活提供一般条件的公共设施，是城市赖以生存和发展的基础。"狭义上的城市基础设施指工程性基础设施，一般包括能源供应、给排水、交通运输、邮电通信、生态环境、安全防灾等工程设施。

（二）城市基础设施的分类

本书主要是针对 1985 年我国学者在"城市基础设施学术讨论会"和《城市规划基本术语标准》对城市基础设施的定义进行研究，研究对象是狭义上的城市基础设施，也即工程性基础设施。

1.能源动力系统

能源动力系统是城市发展和人们生活的动力来源，主要包括供热、供气、供电等，为城市生产和人们生活提供电力、燃气等支撑和保障，是城市人口经济、生活和文化活动不可或缺的生命保障系统。

2.给排水系统

该系统是城市的生命保障系统，直接影响到城市生产发展和城市人口的生命安危，对城市可持续发展具有无可替代的作用，涉及水资源的传输、处理以及水资源的保护等。

3.交通运输系统

交通运输系统是城市经济发展与运转的大动脉，在城市生产活动所需原材料运输过程中起到了关键作用，同时也是城市生产的产品向外运输的重要通道，对提高人们日常生活的便利程度及工作效率有重要的作用，同时也是城市居民参加各项社交活动的重要载体。交通运输系统可以分为对内和对外两部分，对内包括地铁、公共交通和道路网等，对外包括管道运输、机场、海港和铁路等。

4.邮电通信系统

该系统主要分为邮政和通信两个系统，主要负责城市居民间各种信息的传递，改变了人们的生活方式，为可持续发展开辟了新天地，是实现可持续发展的必由之路。信息化革命推动社会发展迈入了一个新阶段，使得人们生活方式发生了极大变化，大大改善了人们的生活水平，成为现代化城市的主要标志。

5.生态环境系统

生态环境系统在维护城市生态平衡、保障城市人口健康、避免环境恶化方面起到重要作用，包括城市中的环境卫生、环境保护和园林绿化。生活垃圾及固体废弃物排放日益严重等问题都与城市基础设施密切相关，生态环境系统越来越受到人们的重视。

6.安全防灾系统

安全防灾系统包括城市的防洪、防火、防震、防沉降以及战备人防等各方面，对于居民聚集情况比较密集的城市来讲，安全防灾系统显得尤为重要，城市安全防灾系统的建设必须受到重视。

（三）城市基础设施的特点

1.城市基础设施是城市形成和发展的基础

城市基础设施和城市生产和生活密切相关，是城市进行各项生产和生活的载体，城市基础设施各系统之间有机协调配合，保障了整个城市的正常生活。城市基础设施在促进城市经济发展的同时，还能带来社会和环境效益，完善的城市基础设施不仅能提高城市居民的生活质量和生活水平，还能改善日益恶化的环境问题。可以说，城市基础设施是一个城市发展的先行条件，它的建设水平是影响城市发展水平的关键因素之一。城市基础设施作为城市综合服务功能的物质载体，一方面要保障各子系统之间彼此协调一致，另一方面要保障经济、社会的可持续发展。如果城市基础设施建设发展缓慢，势必影响城市正常生产和生活，阻碍城市的可持续发展。

2.城市基础设施建设和经营的整体性

城市基础设施是作为一个整体来为城市提供服务的，其建设和经营必须从整体层面上全局把握。首先，城市基础设施是一个高度综合、整体性非常强的系统，各个系统之间相互配合，缺一不可。城市基础设施建设必须从整体上统筹安排、统一规划，使各系统之间紧密衔接、协同发展。当前，"城市病"日益突出，城市又处于快速发展阶段，在这样的背景下，有必要深入研究问题发生的根源，争取从源头上解决问题。事实上，城市规划在某种程度上可以影响一个城市的发展质量，高质量的城市规划能够从全局把握发展方向，从而减少"城市病"的发生，实现城市的可持续发展。其次，城市基础设施从来就不是孤立存在的，城市基础设施是支持城市发展的一个关键因素，必须与城市发展保持协调一致。最后，各项城市基础设施保持动态协调、整体和谐一致发展才能保证城市各项生产和生活活动的正常进行，这意味着其中任何一类设施都不能被忽略。

3.城市基础设施服务的公共性

城市基础设施区别于其他设施的一个显著特征就是其服务的公共性。城市基础设施各系统具有一个共同的功能，即为城市提供服务，城市基础设施的服务对象是整个城市的生产和生活。任何一项城市基础设施都不是为特定企业或个人建设的，而是一个公共的开放系统，其服务范围是整个城市，毫无例外地向城市中的每一个企业、每一个人开放。从服务对象上看，城市基础设施服务的对象基本上可以分为生产和生活两类。一方面，城市基础设施中的有些系统能够参与各项生产，直接带动城市经济发展，其提供的产品和服务也为城市活动提供运行基础，支持和保障城市各项生产活动；另一方面，城市基础设施又为城市居民的生活提供服务，能够满足人们的基本需要，提高城市居民生活质量。实际上，两者是难以分裂开来的。需要说明的是，城市基础设施提供服务的范围仅限于某特定地域。

4.城市基础设施建设的超前性

城市基础设施项目一般具有投资多、规模大等特点，已经建成的基础设施其容量和效益在相当长一段时期内也就固定了，不可能随着城市的发展而及时进行调整。此外，城市基础设施建设一般都要经历较长的施工周期，其效益发挥一般也都存在滞后性。因此，为了城市基础设施在质和量、空间和时间上与城市发展保持协调，避免出现城市基础设施功能发挥跟不上城市发展速度而进行新建或改建的情况，城市基础设施建设就必须超前于城市发展。事实上，城市基础设施建设在规划阶段就应该具有超前性，即城市基础设施建设在规划时必须充分考虑城市未来发展需求，保证城市基础设施容量和效益能够满足未来城市经济发展、人口增长速度的需求，从源头上避免资源浪费。

二、相关理论基础

（一）可持续发展理论

1.可持续发展概念的提出

20世纪30—60年代发生的"八大公害事件"震惊了全世界，唤醒了人们的环境保护意识。1968 年，美国科学家蕾切尔·卡逊（Rachel Carson）的《寂静的春天》介绍了因化学杀虫剂导致很多生物和害虫一起被消灭的可怕场景。1972 年芭芭拉·沃德（B. Ward）和雷内·杜博斯（R. Dubos）主编完成《只有一个地球》，从人类生存的角度介绍了地球的有关知识，呼吁人类在"只有一个地球"的事实下珍惜资源。1972 年探讨与研究人类面临的共同问题的罗马俱乐部发表了著名的研究报告《增长的极限》，该报告认为全球增长将会于 21 世纪某个时段内达到极限，届时经济增长将出现衰退，地球承载能力也会达到极限。1972 年联合国人类环境会议召开，会议将环境问题作为一个重要的议案进行谈论，呼吁人们重视环境保护问题，通过改善人类赖以生存的环境来造福全体人民、造福人类。1980 年联合国大会呼吁人们共同探讨各系统之间的关系，以保障全球的可持续发展。1987 年《我们共同的未来》报告问世，首次将环境问题与发展联系起来，并明确了可持续发展这一概念。1992 年联合国环境与发展大会召开，此次会议上形成的文件对人类在日后发展过程中加强重视环境保护具有重要意义，第一次将可持续发展理论从概念阶段推向实际行动阶段，标志着可持续发展已经成为全人类发展的共同选择。2002 年，世界可持续发展首脑会议召开，会议回顾了可持续发展取得的进展，总结了存在的问题，讨论和研究了可持续发展的实施手段和管理方式等，标志着可持续发展战略迈进了一个新阶段。

2.可持续发展的内涵

（1）《我们共同的未来》报告和《地球宪章》对可持续发展内涵的研究

《我们共同的未来》报告认为可持续发展是这样的发展："既满足当代人的需要，又不损坏后代人满足其需要的能力"。该报告对可持续发展的定义在目前影响最大、流行最广，已成为一种国际通行的解释。在此基础上，《地球宪章》将这一概念阐述为："人类应享有以自然和谐的方式过健康而富有成果的生活的权利。"

（2）其他不同角度的研究

国内外学者从不同角度对可持续发展的内涵进行了研究,具有代表性角度的主要有三类。

①环境保护角度。过去我们一味注重经济发展，以牺牲环境为代价，忽略了对环境的保护，因此有一大部分学者和研究机构对可持续发展内涵的研究偏重环境保护角度。

如国际生态学联合会及国际生物科学联合会共同开展了专题研讨会,主要从环境保护角度研究可持续发展的内涵,认为应当注重环境系统的生产和更新能力。

②经济学角度。可持续发展主要是人们对传统发展模式尤其是经济发展模式进行反思得到的结果,因此目前从经济学角度进行的定义研究很多,也是研究的热点。该角度强调经济发展是核心,但是不应以牺牲环境为代价,强调经济发展要建立在不破坏自然环境的基础上。

③社会学角度。社会学角度的定义强调自然资源利用决策中的利益及收入分配不平等,认为可持续发展的最终落脚点是人类。如李具恒、李国平认为可持续发展的主题在于正确规范"人与自然"之间和"人与人"之间的关系准则,只有这样才能真正地构建可持续发展的理想框架。

可持续发展是人类经过对传统发展模式的深刻反思和长期探索而提出的,其内涵极其丰富,以上多方面的理解有助于从多角度把握可持续发展的内涵。一方面,生态、环境角度的定义是比较多见的。另一方面,经济学家认为自然环境虽然重要,但技术和社会组织的改进都依赖于经济发展。其实可持续发展既不是单纯的经济持续发展,也不是自然生态的持续发展,而应当是各个方面的统一协调发展。城市基础设施建设可持续发展是"可持续发展"概念在该领域的延伸,城市基础设施建设可持续发展这一概念既要体现可持续发展的内涵,又要体现城市基础设施这一领域的特点。作为城市综合服务功能的重要载体,城市基础设施的建设和运营改变了城市经济、社会和环境的原有形态,对城市经济发展、社会发展、环境发展等众多方面都产生了重要影响,对城市实现可持续发展意义重大。因此,从该角度来讲,城市基础设施建设可持续发展是一种全新的发展观,实质在于平衡好经济、社会、环境三个方面的关系,只有充分考虑三个方面的效益,做到三个效益维度相统一,才能真正实现城市基础设施建设可持续发展的根本目标。

(二)系统论

系统论的思想源远流长,当前关于系统的定义和概念的表述多种多样,尚无统一的结论。"一般系统论"的创始人冯·贝塔朗菲(Ludwig Von Bertalanffy)对系统的定义在目前影响最大、流行最广,他认为系统是由许多个相互联系、相互作用着的元素构成的统一体，并且系统总是处于一定的交互关系之中，与外界发生着各种联系。我国空气动力学家钱学森认为系统是由许多个部分组合而成的，各组成部分之间相互依赖、相互影响，共同构成了一个特定的整体，同时该系统又处于另外一个比其自身更大的系统中，是另一个系统的构成成分之一。如果一个集合的组成部分数量在两个以上，各组成部分之间能够明显辨别出来，但各不同组成部分之间又相互依赖，以某种独特的方式共同组合起来，那么该集合就能够被看成是一个系统。

由此可见，从系统论角度出发，一个系统可以划分为若干个不同的构成成分，即若干个子系统，各个子系统都按照一定的规律发展，但各个子系统并不是完全割裂开来的，子系统之间相互依赖、相互影响。其实，系统论的核心是整体论，单个子系统发展达到最优，并不是最理想的目标，最理想的目标是各个子系统作为一个整体能够达到最优。也就是说，系统论要求人们在研究问题时不仅仅要研究系统内部各个组成部分，还要把各个组成部分作为一个整体进行研究；不仅仅要考虑系统内部各个组成部分的发展问题，还要考虑其与外部其他系统的协调；不仅仅要对其当前所处状态进行静态的研究分析，还要考虑其未来的发展变化趋势。在从系统论的角度研究问题时，重要的是能够以整体思想全面地、动态地看待问题。

城市基础设施建设可持续发展是一个复杂的、涉及多系统的问题。研究过程中必须始终坚持系统论的观点，运用系统论的整体性原则，对影响城市基础设施建设可持续发展的各子系统及其要素进行整体性、系统性、综合性的研究，使城市基础设施建设取得良好效益。根据可持续内涵，从系统论的角度出发，我们可以将城市基础设施建设视作一个整体系统，该系统由各子系统组成一个整体。同时该系统又与外部紧密联系，是城市发展的重要支撑，与城市经济社会环境相互作用。因此，城市基础设施建设可持续发展作为一个整体大系统，该系统又可以划分为三个部分，即经济子系统、社会子系统和环境子系统，各子系统之间相互影响，共同作用于系统整体目标。城市基础设施建设可持续发展就是指各子系统作为一个整体能够和谐一致、动态协调发展。

（三）协调发展理论

协调是指系统之间或者系统各个要素之间和谐一致、配合得当，是一个形容各事物之间呈现良性关系的概念。也有学者认为协调主要描述一种状态，说明系统各要素之间关系十分融洽，各要素作为一个整体表现出的效应或功能能够达到最优。从本质上来讲，协调是一种静态状态，是瞬时的平衡，主要强调当前或某个时间点一个系统所处的状态。而协调发展则是一个动态的过程，强调的是发展从一个较低的阶段过渡到另外一个较高的阶段，其目的在于促使系统最终达到平衡状态，主要是指系统各个构成部分或者相互关联的部分之间能够相辅相成、彼此协调，作为一个完整的系统统一协调地发展。

对于城市基础设施建设可持续发展，一方面，过去人们较多地强调城市基础设施规模的发展，强调各个子系统自身的发展，只追求速度、规模，忽视了城市基础设施建设的整体性、协调性。另一方面，在其外部影响上，过去人们较多地强调城市基础设施建设单一的效益，忽略了社会、经济等方面的效益，导致虽然某方面效益较高但整体协调发展程度较低。城市基础设施建设要实现可持续发展，必然要满足协调发展的要求，不能忽略各个子系统之间的协调性。对于城市基础设施，协调发展的重要标志是其各子系统之间同步发展，不能片面重视各个子系统自身发展，应在重视各个子系统自身发展的同时注重城市基础设施各子系统的协调发展，保障城市基础设施与城市经济、社会等的发展相互作用，保障城市基础设施与城市发展相协调。故要实现城市基础设施可持续发展的目标，必须正确处理其内部各子系统、外部各方面效益的协调发展关系。

第二节　我国城市基础设施建设
可持续发展现状及问题

一、城市基础设施建设可持续发展概述

（一）城市基础设施建设可持续发展的内涵

城市发展是一个系统性的概念，包括经济、文化、娱乐、环境等方面的发展。城市基础设施作为城市综合服务功能的重要载体，其建设和发展已经成为影响城市发展的关键因素之一，应尽可能与城市发展保持协调。传统发展模式已经引发了诸如盲目投资、规划不合理，与城市经济、社会环境不匹配等诸多问题，严重制约了城市健康发展，城市基础设施建设模式亟待改变。可持续发展作为一种新的发展观，被各个行业引入，在城市基础设施建设领域也越来越引起广泛的关注。以可持续发展理论指导城市基础设施建设，并进行有效的监管、评价和改进，有利于促进城市发展。城市基础设施建设可持续发展是可持续发展概念和城市基础设施建设领域的交叉融合，代表着一种全新的建设发展观，实质在于平衡好各个子系统之间的发展关系，平衡好经济、社会、环境三个方面的关系，只有从整体上充分考虑，才能真正实现城市基础设施建设可持续发展的根本目标。对城市基础设施建设可持续发展概念的界定，既要在可持续发展范畴之内，又要体现城市基础设施这一特定领域。城市基础设施的建设运营改变了城市经济、社会和环境的原有形态，三者共同影响着城市基础设施建设可持续发展。

（二）城市基础设施建设可持续发展的目标

从城市基础设施建设可持续发展的内涵可以看出，城市基础设施建设可持续发展包括经济、社会、环境三个方面。经济方面，城市基础设施建设通过整合人力、物质、资本、技术等资源使城市得以正常运转，推动经济向前发展，其推动作用越强，表明城市

基础设施建设与城市经济发展越协调；社会方面，城市基础设施建设为城市居民提供更多、更便利的生活方式，能够降低城市居民的生活成本，改善城市居民的生活质量，对城市居民的生产和生活产生重大影响；环境方面，城市基础设施建设能够解决空气污染、城市垃圾、交通拥挤、水污染等主要环境问题，为现在及未来的城市居民提供清洁的环境。因此，从这一角度出发，城市基础设施建设可持续发展的目标应该是在满足当代人对城市功能和服务的需求的同时，促进城市经济发展、社会进步、环境优化。城市基础设施建设可持续发展总目标应该是这三个系统目标的加权平均和，其权重由各个子系统指标对总目标实现的重要程度来决定。因此，可以通过各子系统指标之间的协调与控制，使城市基础设施建设可持续发展总目标达到最优。

二、城市基础设施建设对城市可持续发展的影响

快速城市化带来很多难以克服的"城市病"，在加剧了城市负担的同时对城市环境也造成了重大影响，而城市基础设施在减缓"城市病"方面具有重要作用。可以说一个城市的良性发展离不开功能齐全、布局合理、彼此协调的城市基础设施建设，城市基础设施无论是在促进城市经济增长、提高居民生活水平，还是在减轻社会贫困及改善环境条件方面都发挥着重要作用，城市要实现可持续发展必须有完善的城市基础设施来支撑。

（一）城市基础设施建设对经济发展的影响

城市基础设施建设与经济可持续发展密切相关，其效益可渗透到城市各项生产和生活活动中。城市基础设施建设中的六大系统都以各自特殊的方式直接参与了产品生产。试想如果没有给排水系统进行水资源的供给和城市污水的处理，如果没有城市道路为产品或商品流通提供交通运输载体，企业根本就无法进行生产。实际上，在现代化生产过程中，几乎所有的生产都离不开电力、水、道路交通设施等物质条件。城市基础设施建设有时候虽然并没有直接参与城市各项生产活动，但也间接地影响了城市的经济效益。同时，城市基础设施能够提高生产效率，间接提高生产经济效益。综上所述，一方面，城市基础设施提供的产品和服务为城市各项生产活动提供了一个良好的运行环境，对城

市各项生产等经济活动起着支持和保障作用；另一方面，城市基础设施通过直接或间接参与城市各项生产活动，能够提高生产率，降低生产成本，进而影响经济方面的效益。此外，城市基础设施本身是产业结构的构成部分，它的建设不仅能够提高该产业的发展，同时还会带动其配套产业发展，促进产业结构转换，推动产业升级。

（二）城市基础设施建设对社会发展的影响

城市居民是城市发展的直接推动者，其在自身的休养生息和基本社会需要得到满足的前提下才能更好地为城市发展做贡献，城市基础设施建设对满足城镇居民需求具有重要意义。首先，城市作为居民聚集和生活的场所，必须具备最基本的基础设施系统。同时，城市基础设施建设，尤其是能源动力系统、交通运输系统和邮电通信系统，将大大提高居民生活质量。能源供应系统的服务对象不仅是生产企业，还有城市居民，燃气、自来水等普及范围的扩大提高了城市居民的生活质量；交通运输系统能够提供成本相对较低的公共交通，增加城市人均道路面积，还能直接提供就业机会，使城市变得更加宜居；邮政通信系统改变了人们的联系方式，增强了人们之间的联系，加深了城市的对外开放程度。另外，城市基础设施具有的非排他性的特征，使得人人都有使用的权利，使居民能够自由地享受城市生活，能够促进社会的公平。可见，城市基础设施建设能够在一定程度上影响社会可持续发展。

（三）城市基础设施建设对环境发展的影响

城市基础设施是城市系统的重要的人工环境，城市基础设施供给不足会直接导致城市生态系统受到影响和破坏，制约城市的可持续发展，城市基础设施对城市环境可持续发展影响深远。长期以来，城市基础设施，尤其是环保类基础设施已成为城市发展的严重制约因素。目前，我国城市空气污染、交通拥挤、水污染等各种问题爆发，很大程度上是由于城市基础设施建设发展滞后、与城市发展不协调等原因造成的。城市基础设施，尤其是环保类基础设施，例如城市给排水、废物管理等基础设施的建设水平是城市环境水平的重要影响因素，例如水体污染状况基本取决于污水排水管道密度、污水处理能力和污水处理率，垃圾污染又与垃圾清扫量、垃圾无害化处理能力密切相关。城市环境一且出现问题，不是短时间内就能解决的，环保类基础设施的建设能够慢慢改善城市环境。综上所述，城市基础设施建设能够增加城市公共绿地面积、增加城市生活垃圾无害化处理率等，大大改善城市环境质量，提高环境可持续发展水平。

三、我国城市基础设施建设可持续发展的现实困境

纵观近年来我国城市基础设施建设发展状况，可以发现我国城市基础设施总体规模迅速扩大，总体发展水平也在不断提高，城市基础设施薄弱的现象在一定程度上得到了缓解，在促进城市经济、社会和环境的可持续发展方面也起到了积极的作用，但是城市基础设施建设可持续发展依然存在许多问题。

（一）城市基础设施建设可持续发展思想认识不足

当前，可持续发展这一名词经常见于各种文件和媒体，社会各个领域都在提倡可持续发展，可持续发展这一名词已被社会大众所熟知。然而，可持续发展的内涵是否被真正理解还存在很大疑问。事实上，目前对可持续发展内涵的理解还存在一定的误区和不足。首先，目前普遍认为可持续发展主要就是加强环境保护。过去我们一味注重经济发展，以牺牲环境为代价，忽略了对环境的保护。故当前普遍认为可持续发展就是在促进经济发展的同时重视环境保护。其次，目前提及的可持续发展主要还涉及国家、城市等相对宏观的方面，较少深入涉及城市基础设施建设等微观领域。在这一背景下，城市基础设施建设可持续发展很容易被大家错误地认为是在促进其建设的过程中要注意对环境的影响。其实，城市基础设施建设可持续发展不是片面的经济子系统、社会子系统、环境子系统等单一系统的可持续发展，而应该是经济、社会、环境三个方面统一协调的发展。城市基础设施建设可持续发展是指同时保证经济、社会、环境三个维度平衡发展的能力，最终实现经济、社会、环境持续健康发展。宏观层面可持续发展的实现要依靠各个领域的可持续发展，城市基础设施是一个城市发展的重要前提条件，城市基础设施建设可持续发展的相关研究也可为宏观层面实现可持续发展提供研究基础，国家、城市要实现可持续发展，不可避免地要先实现城市基础设施建设的可持续发展，而城市基础

设施建设要实现可持续发展必须确保全体社会公众对其有充分的理解和认识。然而，目前将其单纯地理解为在城市基础设施建设过程中注重环境保护是片面的、不足的。

（二）城市基础设施建设与外部不协调

改革开放以来，随着经济的发展，人们逐渐认识到基础设施在国民经济、城市发展中发挥着重大作用，针对我国城市基础设施发展严重滞后的状况，我国开始弥补基础设施的缺口，加大了城市基础设施建设的投资，取得了很大成效，状况得到了较大改善。但是，在城市基础设施快速发展的过程中，出现了其建设与外部不协调的问题，也即与城市、社会、经济、环境发展不协调的问题。

首先，与经济发展的不协调体现在城市基础设施建设水平超前或滞后于城市经济发展。城市基础设施建设速度超前或滞后都是不利的。一方面，城市基础设施建设超前于城市经济发展，无疑会造成资金浪费。同时，由于资金机会成本的存在，城市基础设施建设超前于城市经济发展就相对阻碍了城市经济发展。另一方面，城市基础设施建设滞后于城市经济发展，将会妨碍城市经济的发展，经济发展受到妨碍又会反过来作用于城市基础设施建设，直接导致城市基础设施建设资金缺乏。

其次，部分城市基础设施建设也出现了与城市发展不相适应的问题。城市基础设施作为支撑城市增长的一个重要方面，为城市发展提供了多样的物质基础和前提条件，随着城市的发展、城市化进程的加快、人们生活水平的提高，人们对城市基础设施的需求越来越大，对城市基础设施建设水平的要求也越来越高。例如城市居民为了更便利的生活方式和更高的生活质量，要求道路面积、公交车辆数、燃气普及率、用水普及率等都达到一定的水平，但目前部分城市基础设施建设水平还难以满足人民日益增长的需求，城市基础设施建设与社会发展不相适应。

最后，城市基础设施建设与城市环境发展不相适应的问题也较为突出。城市基础设施在污水处理、垃圾处理、大气污染防治与处理等方面的建设都存在一定的滞后性，给城市环境发展带来了严重不利的影响。

（三）城市基础设施子系统间发展不均衡

城市基础设施系统狭义上包括六大子系统,城市基础设施建设要实现可持续发展不能忽略任何一个系统的发展,只有各项城市基础设施保持动态协调,整体和谐一致发展,才能保证城市各项生产活动的正常进行和健康发展。然而,目前我国城市基础设施建设大多只看重短期内的效益,忽视项目的长期效益。城市能源动力、交通运输、给排水等基础设施水平很大程度上决定了城市环境水平,目前我国城市出现的空气污染、城市垃圾污染、交通拥挤、水污染等主要环境问题,大多数都是由于城市基础设施建设速度缓慢、城市基础设施建设与城市环境发展不协调即环保类基础设施建设滞后于城市发展,以及城市基础设施各系统建设不协调等原因而造成的。当前我国城市基础设施建设过程中普遍存在严重偏向短期经济效益明显,即对城市经济增长作用更直接、效益发挥周期更短的生产性基础设施,如机场、道路、供电等,而对那些建设投入资金大、短期经济效益不明显的基础设施,如城市污水处理、生活垃圾处理、公厕等基础设施的建设不够重视。非生产性基础设施虽然投入大、短期经济效益不明显,但其直接关系到城市社会与环境的可持续发展,这类基础设施建设严重滞后直接导致了部分城市污染严重、城市自然生态环境恶化等。

（四）城市基础设施全寿命周期管理意识淡薄

当前,我国城市基础设施管理实行全寿命周期管理的意识淡薄。

首先,许多城市基础设施建设具有花费大、生命周期长的特点,这一特点使得很难对其进行全寿命周期管理。现实中经常是在决策阶段,决策者按照自己的意识和意图判断项目是否可行,在设计阶段设计人员按照自己的理解和想法设计图纸,然后由施工者按图施工,运营和维护阶段则又由其他管理者实施。可见,城市基础设施建设全生命周期各阶段之间严重脱节,各阶段的相关人员之间缺乏沟通,他们只从当前所处阶段考虑问题,严重影响了城市基础设施建设的可持续发展。

其次,我国绝大多数城市基础设施建设都存在过分重视建设阶段,轻视项目的决策、设计和运营维护阶段的问题。部分城市为了追求形象工程,在项目建设过程中大幅增加人员、资金等的投入，不仅造成资源浪费，还可能影响到项目的质量。其实，如果项目在决策阶段或设计阶段没有按照可持续发展的思想来决策或设计的话，很有可能出现项目盲目投资或投入运营不久就必须对其进行改建、重建的情况，造成巨大的经济浪费。

最后，我国绝大多数城市基础设施建设还都存在重视项目新建、轻视项目维护的问题。由于项目新建可以直接作用于城市经济，拉动经济增长，项目维护却难以产生这样立竿见影的效果，无法带来直接的短期经济效益，现实中往往出现政府加大力度建设城市基础设施，而忽略已建项目效益发挥的问题，导致投入产出效率严重下降。

第三节　提高我国城市基础设施建设可持续发展水平的对策

当前，我国城市基础设施建设可持续发展仍然存在很多问题，还需要不断完善，国外城市基础设施建设的先进经验对我国城市基础设施建设可持续发展有着重要的借鉴意义。结合我国城市基础设施建设可持续发展的实际情况，通过阅读相关文献、参考国外先进建设经验，本书从宏观和区域两个层面对我国城市基础设施建设可持续发展提出对策建议。

一、宏观层面提高城市基础设施建设可持续发展水平的对策

（一）制定城市基础设施可持续发展战略及规划

当前，我国城市基础设施建设可持续发展的问题还没有得到足够的重视。我国政府应重视城市基础设施实现可持续发展过程中战略和规划的制定，为城市基础设施建设可持续发展提供一个稳定的平台和良好的环境，使其成为规范和约束城市基础设施建设的

力量。

1.制定可持续发展战略

首先，应完善城市基础设施。与以前传统的各子系统按照其自身发展情况各自分开制定相应战略不同，城市基础设施建设可持续发展要求把城市基础设施系统作为一个整体来统一制定发展战略。城市基础设施建设可持续发展要求以实现城市三个维度的均衡协调发展为基本原则，把城市基础设施系统作为一个整体，从经济、社会、环境协调可持续发展的角度来统一制定城市基础设施各系统发展战略。其次，培养一支高素质的人才队伍，成立专门的城市基础设施建设可持续发展管理机构，以城市基础设施建设可持续发展为目标和原则制定本城市基础设施可持续发展战略，对城市基础设施建设进行合理布局，保证城市基础设施系统统一协调发展，对城市基础设施建设可持续发展状况进行考核和评价，保障城市基础设施建设的可持续发展。

2.制定高标准的可持续发展规划体系

法国等欧洲国家城市基础设施在建设前都会制定完善的前期规划。城市规划是政府引导城市发展的重要规制手段，如果城市缺乏统一规划，很可能导致城市各功能系统布局失衡或衔接不力，综合协同能力变差。在城市化加速、"城市病"突出的情况下，制定高标准的可持续发展规划体系尤其重要。必须综合考虑城市各功能系统结构，统一规划各系统建设，以减少"城市病"的发生，实现城市的可持续发展。城市基础设施专项规划是基础设施建设的重要前提和依据，因此，城市基础设施建设规划必须遵循可持续发展理念，根据城市空间战略规划和城市总体规划的要求，编制城市基础设施可持续发展总体规划，在总体规划的基础上落实城市基础设施各系统专项规划。同时，需要注意的是，编制专项规划必须按照一体化的要求，做到整体布局、合理设点，保障资源得到有效利用，避免出现重复建设。此外，城市基础设施各系统专项规划的编制还需有一定的前瞻性。城市基础设施是城市建设的基本骨架和基础条件，对城市建设和发展起着先导作用，且城市基础设施建设周期一般较长，城市基础设施专项规划必须适度超前，保证能为城市发展提供长效性服务。

（二）城市基础设施建设协调均衡发展

城市基础设施建设可持续发展不能片面重视城市基础设施建设规模或者某个系统的发展，必须正确处理城市基础设施子系统之间，城市基础设施建设与城市经济、社会、环境发展的关系，实现城市基础设施建设的协调均衡发展。

1.城市基础设施六大子系统协调均衡发展

长期以来，我国城市基础设施建设过程中普遍存在严重偏向经济效益更为明显的生产性基础设施，直接导致了部分城市交通拥挤、城市污染严重、城市自然生态环境恶化等。城市基础设施建设可持续发展必须以可持续发展理念为指导原则，坚持以人为本，围绕改善民生，加快促进城市基础设施水平全面提升。在建设经济效益显著的基础设施的同时，要兼顾城市污水处理设施、城市生活垃圾处理、城市公厕等环保类和公共性基础设施建设。虽然这类基础设施投入大、短期经济效益不明显，但其是城市运作的物质载体，也是城市居民正常生活的重要基础。加强这类基础设施建设，能够直接提升城市居民生活水平，改善城市环境。

2.城市基础设施与外部协调发展

首先，城市基础设施建设与经济发展相协调其实就是两者之间要有一个适宜的比例。城市基础设施与经济产出是正相关的。良好的城市基础设施能够提高生产率并降低生产成本，进而影响城市经济效益，同样经济的增长也需要城市基础设施保持足够快的发展速度。因此，在与经济发展相协调方面，相关城市可以借鉴发达国家的经验，同时结合自身的现状和战略规划，制定适宜的城市基础设施建设规划。

其次，与社会发展相协调的目的就是提高人们生活水平。提高人们生活水平的基础设施主要是一些公益性基础设施，这类基础设施收益性差，甚至根本没有收益，导致其建设速度相对缓慢。政府应牺牲短暂的经济利益，加大公益性基础设施的投资力度，促进社会进步。

最后，目前出现的交通拥挤、城市垃圾、水污染等"城市病"大多数都是由于城市环保类基础设施建设比较落后造成的。城市基础设施的建设必须与环境发展相协调，相关部门可以通过认真做好环境影响评价、加大环保类基础设施的建设力度、增加清洁能源的使用比例等来加强城市基础设施与环境的协调。

（三）提升城市基础设施管理水平

目前，很多城市基础设施建设中经常出现建设与管理相互脱节、重建设轻管理的现象。其实建设完成后管理水平的高低对促进城市基础设施可持续发展具有重要作用，甚至很大程度上决定了城市基础设施各系统的建设。因此，我们必须提升城市基础设施建设管理水平。

1.加强城市基础设施全寿命周期管理

可持续发展理论指导下的城市基础设施项目的管理应该是全寿命周期管理，不仅包含项目的建设阶段，还包含项目的决策阶段、设计阶段、运营和维护阶段。城市基础设施一般投资大，涉及面广，项目决策阶段决定了项目建设是否可行，要认真完成项目建议书和可行性研究报告。同样，城市基础设施建设完成并投入运营后，其持续周期与建设周期相比更为漫长，此阶段的管理水平决定了城市基础设施效益是否能够充分发挥，也决定了基础设施的投入产出效率。因此，城市基础设施管理不仅要重视建设阶段，更要加强项目决策、设计、运营和维护阶段管理水平，使城市基础设施管理贯穿其全寿命周期。

2.加强城市基础设施信息化管理

在城市化进程不断加快的今天，信息海量化、网络互联化等使城市信息化建设成为城市管理的重要组成部分。城市基础设施管理信息化作为城市信息化的重要组成部分，正在渐渐发展成为城市基础设施系统管理和服务的重要手段。城市基础设施信息化管理不局限于某个领域或某个阶段，可以依靠互联网技术、地理信息系统、联机分析处理系统等建立动态监测系统、电子监察系统等，实现城市基础设施信息化管理。信息化管理为城市基础设施管理指明了方向，城市基础设施信息化管理为城市基础设施建设可持续发展提供了有效的管理方法和手段，不仅降低了城市基础设施管理成本，而且提高了城市基础设施管理和服务水平。

（四）建立城市基础设施可持续发展预警机制

当前，我国大多数城市基础设施管理都是事后、被动的调控模式，也就是说，只有某类或某个系统的城市基础设施建设发展出现问题之后，才会采取措施进行控制。这种事后、被动的调控模式无疑阻碍了城市基础设施建设可持续发展,也导致了资源的浪费。因此,有必要改变当前的事后、被动的管理模式,建立一个全新的事前、主动的管理模式,即建立城市基础设施可持续发展预警机制。城市基础设施可持续发展预警机制是城市基础设施过程管理的重要组成部分,也就是在指标体系的基础上,通过对过去和现在的数据、资料的搜集和处理,了解目前城市基础设施所处的状态或对其未来发展趋势和演变规律作出判断,尽可能早地发现城市基础设施将要或可能出现的问题,以便及时制定相应的对策措施,防止出现不利局面。具体操作时,可以结合城市基础设施信息化管理系统,对城市基础设施数据进行搜集,保证城市基础设施建设数据及时、客观、完整,并对城市基础设施所处的状态或发展趋势作出推断,根据结果提出相应的预警对策。这种模式改变以往城市基础设施管理被动调控的模式,实现了事前、主动、动态调控。

二、区域层面提高城市基础设施建设可持续发展水平的对策

(一)保持东部地区基础设施稳定持续增长

为缩小区域间城市基础设施建设可持续发展水平的差距,我国四大区域间城市基础设施建设政策应该区别对待。当前,我国基础设施建设可持续发展存在东部地区水平中等、中部地区水平较低、西部地区和东北地区水平更低的趋势。东部地区城市基础设施不论在规模还是在可持续发展程度上都处于领先地位,在我国城市基础设施建设可持续发展方面起到了良好的带头作用,东部地区应继续保持稳定的发展速度。值得注意的是,东部地区城市经济发展较好,吸引了大量外来人才,城市人口密度和人口流动速度较大,相对来说更容易造成城市污染,使城市环境承受更大压力,所以东部地区城市应加强环保类基础设施建设。当前东部地区城市基础设施建设可持续发展水平相对较高,且城市经济发展水平较高,其城市基础设施建设所需资金应尽量自筹,通过 PPP(政府和社会资本合作)融资等形式吸引民间资本进入基础设施建设领域,扩大民间投资,保障东部地区基础设施稳定持续增长。

（二）加快中西部地区和东北地区基础设施建设

尽管近几年中西部地区和东北地区基础设施建设投资力度加大，但仍与东部地区存在差距。我国中西部地区和东北地区由于经济发展水平、地理位置、自然条件等原因，城市基础设施建设可持续发展水平长期落后于东部地区。国家应重视中西部地区和东北地区基础设施建设，给予中西部地区和东北地区基础设施建设政策倾斜，加大对中西部地区和东北地区的财政资金支持，把加快中西部地区和东北地区基础设施建设放在更加突出的位置，改善中西部地区和东北地区基础设施状况。与此同时，中西部地区和东北地区除抓住时机争取国家资金支持外，还应积极拓宽融资渠道，开放城市基础设施投资市场，通过 PPP 融资等形式吸引民间资本进入基础设施建设领域，为基础设施建设提供更多的资金来源，实现"互赢"或"多赢"。实践证明，城市基础设施建设具有"乘数效应"，即城市基础设施产业关联度大，带动作用强，能够带动建筑、材料、装备等相关行业的发展，为企业提供良好发展机遇，提供大量就业岗位。城市基础设施建设所带来的经济、社会、环境效益远远大于城市基础设施建设的资金投入。加快中西部地区和东北地区城市基础设施建设，不仅能改善中西部地区和东北地区城市基础设施状况，提高中西部地区和东北地区经济发展水平和城市竞争力，还可以缩小地区间经济发展和人民生活水平的差距，吸引外来投资和人才，为中西部地区和东北地区城市发展提供长效服务。

参 考 文 献

[1] 陈之广. 刍议如何加强市政工程施工现场的安全管理[J]. 居舍，2021（2）：112-113，115.

[2] 傅国东. 简析市政工程施工管理中环保型施工措施的应用[J]. 绿色环保建材，2021（1）：63-64.

[3] 高先冬. 分析市政工程施工质量管理中的问题及对策[J]. 居舍，2020（33）：111-112.

[4] 顾晓慧. 探究市政工程施工中的沥青路面施工技术[J]. 居舍，2021（4）：39-40.

[5] 黄丰丰. 市政工程各阶段施工管理探究[J]. 江西建材，2020（11）：117，119.

[6] 蒋默识. 关于加强市政工程施工管理提升市政工程质量探析[J]. 中国住宅设施，2020（11）：119-120.

[7] 李国超. 市政工程施工管理中环保型施工措施的应用[J]. 中国住宅设施，2020（9）：58-59.

[8] 李海潮. 市政工程 PPP 项目总承包施工收尾阶段管理探讨[J]. 智能城市，2020，6（23）：83-84.

[9] 李运魏. 市政工程现场施工中动态管理的应用分析[J]. 工程技术研究，2020，5（24）：176-177.

[10] 刘宝瑛，王永兵. 施工单位市政工程资料管理常见问题分析及改进措施[J]. 绿色环保建材，2021（1）：123-124.

[11] 刘丽飒. 市政工程施工管理的常见问题及对策[J]. 住宅与房地产，2020（29）：111-112.

[12] 吕炎. 文明环保型施工在市政工程管理中的应用研究[J]. 绿色环保建材，2021（2）：59-60.

[13] 马超，陈晓. 市政工程环保施工管理举措研究[J]. 环境与发展，2020，32（12）：

217-218.

[14] 马腾. 市政工程施工质量管理中存在的问题与对策研究[J]. 工程技术研究，2020，5（23）：178-179.

[15] 马艳. 市政工程道路施工的质量控制与管理研究[J]. 绿色环保建材，2021（2）：109-110.

[16] 任亭. 加强市政工程施工管理提高市政工程质量[J]. 居舍，2021（3）：136-137.

[17] 王爱民. 论市政工程施工现场管理难点与对策[J]. 建材发展导向，2020，18（20）：99-101.

[18] 王刚，田泽民，刘剑. 市政工程安全文明施工管理问题与对策探讨[J]. 智能城市，2020，6（22）：107-108.

[19] 翁丹丹. 简析市政工程施工管理中环保型施工措施的应用[J]. 科技风，2020（28）：114-115.

[20] 肖蓉鑫. 浅谈市政工程施工过程中安全管理与质量控制[J]. 四川水泥，2021（1）：129-130.

[21] 徐锦山. 市政工程施工安全管理策略探析[J]. 居舍，2021（4）：148-149.

[22] 许环智，王川煌. 关于市政道路排水工程施工质量管理分析[J]. 居舍，2020（31）：146-147.

[23] 姚晋昌. 浅谈市政工程水泥混凝土道路沥青化改造施工及管理[J]. 绿色环保建材，2020（12）：108-109.

[24] 尹海英. 市政工程施工管理中环保型施工措施的应用[J]. 砖瓦，2021（1）：144，146.

[25] 曾学海. 分析市政工程管理中环保型施工的应用[J]. 中华建设，2020（10）：60-61.

[26] 张常海. 探析市政工程施工安全管理问题及对策[J]. 决策探索（中），2020（10）：13.

[27] 张明. 市政工程施工过程中的安全管理与质量控制措施分析[J]. 大众标准化，2020（24）：16-17.

[28] 张明. 市政工程施工现场管理难点与对策[J]. 砖瓦，2020（12）：131-132.

[29] 张炜禧. 市政工程施工质量管理中存在的问题和对策分析[J]. 居舍，2020（36）：129-130.